世界上不可思议的

Exotic Fruits and Nuts from Around The World

果实种子图鉴

(日) 小林智洋 山东智纪 著 (日) 山田英春 摄影 雷韬 译

化学工业出版社
·北京·

SEKAI NO FUSHIGINA KINOMI ZUKAN by KOBAYASHI Tomohiro，SANDO Tomoki
Photographs by YAMADA Hideharu

本书中文简体字版由SOGENSHA，INC.授权化学工业出版社独家出版发行。
本版本仅限在中国内地（大陆）销售，不得销往其他国家或地区。未经许可，不得以任何
方式复制或抄袭本书的任何部分，违者必究。
北京市版权局著作权合同登记号：01-2021-7619

图书在版编目（CIP）数据

世界上不可思议的果实种子图鉴 /（日）小林智洋，
（日）山东智纪著；（日）山田英春摄影；雷韬译 .—
北京：化学工业出版社，2022.9（2025.5 重印）
 ISBN 978-7-122-41524-0

 Ⅰ.①世… Ⅱ.①小… ②山… ③山… ④雷… Ⅲ.
①种子 - 图集 Ⅳ.①Q944.59-64

中国版本图书馆 CIP 数据核字（2022）第 091790 号

责任编辑：孙晓梅　　　　　　　　　　　文字编辑：蒋丽婷
责任校对：李雨晴　　　　　　　　　　　装帧设计：张　辉

出版发行：化学工业出版社（北京市东城区青年湖南街13号　邮政编码100011）
印　　装：河北尚唐印刷包装有限公司
889mm×1194mm　1/16　印张11　字数308千字　2025年5月北京第1版第14次印刷

购书咨询：010-64518888　　　　　　　　售后服务：010-64518899
网　　址：http://www.cip.com.cn
凡购买本书，如有缺损质量问题，本社销售中心负责调换。

定　价：128.00元　　　　　　　　　　　　　　　　版权所有　违者必究

人 就 像 种 子
要 做 一 粒 好 种 子
——袁隆平

"果实"是什么?

当你听到"果实"这个词时，脑海里最先浮现出的是什么呢?

很多人可能会想到公园里散落的橡果和松果，市场上各种可食用的水果，野外红艳艳的覆盆子（浆果），下酒菜和健康食品中常见的杏仁、腰果、夏威夷果、榛子等坚果。

其实，留意周围，我们身边的果实还有很多。秋天，大家在森林里会看到板栗、核桃、木通、七叶树等的果实；在街道上会看到长着可爱翅膀的三角槭果实、臭臭的银杏果（注：银杏为裸子植物，银杏果是种子不是果实）以及长满小刺的枫香树果实。冬天，大家在庭院或寺庙中能看到南天竹、草珊瑚、朱砂根等的红色果实；在公园和街道边能看到乌桕黑色果皮大部分脱落、只残留着雪白种子的果实；在小路边能看到五颜六色的异叶蛇葡萄的果实等。根据地域、环境和季节的不同，人们能看到的果实也各不相同。

一般而言，"果实"是指被子植物的一种具有果皮和种子的器官。我们常见到的松树、银杏树等属于裸子植物，因而松果、银杏果等不属于果实。但在本书中，从"干燥、易保存、木质化、不易损坏"的观点出发，将"果实"的范围进行了扩大。因此，本书中的果实既可能是果实中木质化的一部分，也可能仅仅是种子。此外，本书中不仅包括木本植物的果实，还包括木质化的草本植物的果实。与此相对的，本书中不包括那些娇嫩水灵、不易保存的水果类果实。

与能够从对自己不利的环境中逃离出来的动物们不同，大多数植物只要在一个地方扎根发芽，那么无论是多么残酷的环境下都无法让自己移动分毫。然而植物们为了子孙的繁荣昌盛，也创造出了一个让子孙们踏上旅程、去往新天地的机会。这一希望，就寄托在开花后结出的果实（种子）身上了。

果实的形态多种多样，而这种多样性正是源于植物们为了延续后代而前往新土地的移动手段的不同。有的果实长有翅膀、羽毛状的附属物或绒毛，可以在天空飞翔；有的果实可以借助浮力在江河湖海中漂流；有的果实可以借助弹射或旋转装置实现弹跳或飞行；有的果实能利用钩刺附着在动物身上实现移动；还有的果实会借助蚂蚁和鸟类等摄食，将其携带至远方。就连对人类来说只能被认为是灾害的山火，对于那些具备耐火性的果实而言，也可以成为实现繁殖的绝好机会。

　　深入了解各种果实的特征之后，让人不由自主地想要相信这个世上真的有造物主存在。这些果实个个洋溢着令人叹为观止的功能美和造型美。

　　本书严格挑选出了约 300 种世界各地的果实进行介绍，旨在让读者朋友们了解到这些果实美丽、有趣的一面。比起从植物学的观点出发，本书更加注重让大家通过果实了解到植物构造的不可思议之处。因此，本书以造型独特的果实的照片为主，辅以简洁的解说来向读者朋友们加以介绍。

　　本书在章节的设置上与一般的图鉴不同，尝试了较为大胆的结构形式。在第 1 章"分类"中，按植物分类学上的科属对植物的果实进行了分组介绍。在第 2 章"传播"中，则是从植物为实现繁殖而采取的传播手段出发，根据果实移动方式的不同将果实进行了分组介绍。在第 3 章"形态"中，则着眼果实的尖刺或凹凸不平的纹理等，或是将其与其他事物进行类比，着重介绍果实们富有个性的形态。

　　若是读者朋友们能够通过本书充分领略到果实（种子）的魅力，那么我将不胜荣幸。

山东智纪

澳大利亚昆士兰州北部海岸，被海浪冲到岸上的各种果实。

目录 C o n t e n t s

粉酒椰，详见116页

苏门答腊娑罗双

Shorea sumatrana

龙脑香科/娑罗双属/W2.8cm

图中为娑罗双属的苏门答腊娑罗双的果实。圆圆的果实和5瓣圆形的翅，十分惹人怜爱。它并非借助风力飞行传播的类型，而是借助动物传播的类型。由于过度采伐，2017年IUCN（世界自然保护联盟）将苏门答腊娑罗双认定为濒危（EN）物种。

关于果实

趁着了解世界上各种各样的果实的这个机会，我们不妨深入挖掘一下"果实"在形态上的不同之处。果实大致分为果皮肉质多汁的"肉果"和果皮干燥无汁的"干果"这两大类。当肉果被冠以"水果"之名时，我们脑海中会立刻浮现出各种娇嫩多汁的果实。然而，在介绍以干燥、易保管的果实为主的本书当中，基本不涉及肉果的介绍。

干果根据果实成熟后果皮开裂与否，又可细分为闭果和裂果。

闭果是指在果实成熟后，包裹种子的果皮不开裂的果实。根据形态的不同，还可以分为瘦果、颖果、胞果、坚果、翅果、分果和节荚果。

裂果是指果皮像袋子一样，果实成熟后果皮会开裂，种子会从开裂处掉落出来的果实。根据果皮和种子形态的不同，又可分为蓇葖果、荚果、角果和蒴果。

在这里不对各种果实的特征展开详细的说明。如果大家能在阅读本书的过程中，一边确认果实的各种细节，一边辨别其属于哪一种果实，相信大家一定会对这些果实有更深刻的了解。

【图鉴使用说明】

● 果实词条采用其所属植物的中文名称，有常用别名的，以括号的形式在中文名称后标注别名。

● 学名及其所属的科属基于 APG 分类系统第 3 版（APG Ⅲ）。

● 由于果实的大小有个体差异，且果实的照片在书中刊登时，会根据版式做放大、缩小处理。为方便读者朋友们阅读，本书中刊登的各个果实的尺寸与摄影时所用标本的尺寸一致。果实的测量原则上取去掉果柄的最长长度，H= 高，L= 长，W= 宽。

红盔桉（血皮桉），详见40页

第1章 | 分类

　　无论是植物还是动物，当你打开图鉴时，就会看到每种生物的名字旁边标有"○○科○○属"这样的分类标记。这是将生物按照各种特征进行分类，系统整理的"分类学"领域的研究成果。根据这项成果，我们就可以得知某一生物隶属于哪个科属，是怎样进化而来的了。

　　近现代分类学是以18世纪的生物学家、被称为"分类学之父"的卡尔·冯·林奈的研究为基础演化而来的。林奈将此前有关动植物物种研究的各种知识系统化，明确了自上而下的分类单位。由他创立的双名法（二名法），用属名＋种加词来表示植物的学名，至今仍被广泛使用。

　　另一方面，从林奈时代开始，随着科学的发展，生物的分类法也经历了多个阶段的变化。以植物的分类法为例，在林奈之后，经历了"新恩格勒分类系统→克朗奎斯特分类系统→APG分类系统"的变迁。

　　"新恩格勒分类系统"是由德国植物学家恩格勒于1892年提出并几经修订后发展而来的。它基于"花的构造由简单向复杂进化"的观点，根据花的形态进行分类，使"科"的特征更容易理解。这一分类系统是长期被图鉴等采用并广为人知的分类系统。然而，随着科学的发展，人们逐渐发现，新恩格勒分类系统并不能正确地反映植物的进化系统。

　　在这种情况下，1981年，美国的克朗奎斯特提出了克朗奎斯特分类系统。该分类系统以"重视雌蕊的性状，花的各部数越少越进化"这一构想为基础。这一分类系统在20世纪90年代以后在日本也开始使用。但在这一分类系统普及之前，更新的分类系统出现了。

各种松果大小比较

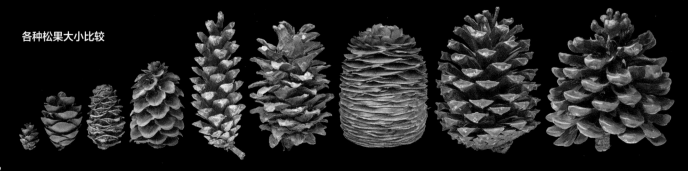

信浓胡桃（8页）的果仁

近年来，根据分子系统学知识构筑出的分类系统逐渐成为主流，而这些分类系统学知识是基于遗传基因分析得出的。该分类系统由国际上的植物分类学家们所组成的被子植物系统发育研究组（Angiosperm Phylogeny Group）提出，因此又被简称为APG分类系统。随着研究的深入，该系统也在不断添加新的内容，并多次修订，APGIII于2009年发布，APGIV于2016年发布，并沿用至今。

本书第1章，以经历了如上种种变迁的分类学为依据，收集了在分类系统中被认为是近缘物种的果实。希望读者朋友们能够注意到它们身上的共通点，以及各自形状和大小的差异。

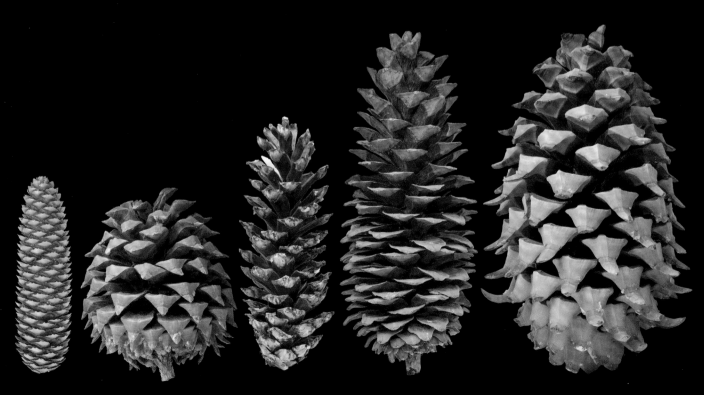

壳斗科·各种带壳斗的果实

壳斗科（Fagaceae）植物主要分布在北半球的温带至热带地区，
因其果实具有壳斗而得名。
壳斗科主要由栗属、锥属、柯属、栎属、水青冈属等构成。
其中，中国分布有300多种，日本分布有22种，东南亚分布有200多种。
果实由通常被称作"帽子"的壳斗和坚果两部分组成。

a. 烟斗柯
Lithocarpus corneus

b. 冲绳里白栎（冲绳白背栎）
Quercus miyagii

c. 大果栎
Quercus macrocarpa

d.毛枝青冈
Quercus helferiana

e.可食柯
Lithocarpus edulis

f.夏栎
Quercus robur

g.槲树
Quercus dentata

h.麻栎
Quercus acutissima

i.长果锥
Castanopsis sieboldii

j.加利福尼亚黑栎（加州黑栎）
Quercus kelloggii

k.红槲栎
Quercus rubra

l.沼生栎
Quercus palustris

m.毛果青冈
Quercus pachyloma

n.爪哇柯
Lithocarpus javensis

o.大果青冈
Quercus rex

p.刺锥
Castanopsis armata

a.W4.2cm，原产中国南部沿海一带至印度等地。在中国常被加工成念珠。/**b.**H4.2cm，原产日本冲绳。/**c.**H5cm，原产北美中部至东部。/**d.**W3.3cm，原产中国南部至东南亚北部。/**e.**H3cm，日本特产。其果实可食用。其树木挺拔强健，多被用作行道树和工业区的绿化树。/**f.**H3.3cm，原产欧洲。/**g.**H3cm，原产中国、日本、朝鲜半岛等。叶子可用来制作柏饼。/**h.**H3.5cm，原产中国、日本、越南等。其树木可被用作薪炭材及香菇的栽培原木。/**i.**H2.2cm，原产日本。种子炒熟后可食用。/**j.**H3.5cm，原产北美西部。/**k.**H3cm，原产北美东部。秋天的红叶非常美丽。/**l.**H2cm，原产北美中部至东部。/**m.**W3cm，原产中国南部至东南亚北部。壳斗褶皱状，上面覆有天鹅绒状的绒毛，形态独特。/**n.**H3.5cm，原产婆罗洲岛（加里曼丹岛）。/**o.**W3.2cm，原产中国云南、印度、越南等。/**p.**W2cm，原产越南至印度。其果实包裹于栗子似的小巧壳斗之中。在泰国北部常被用来食用。

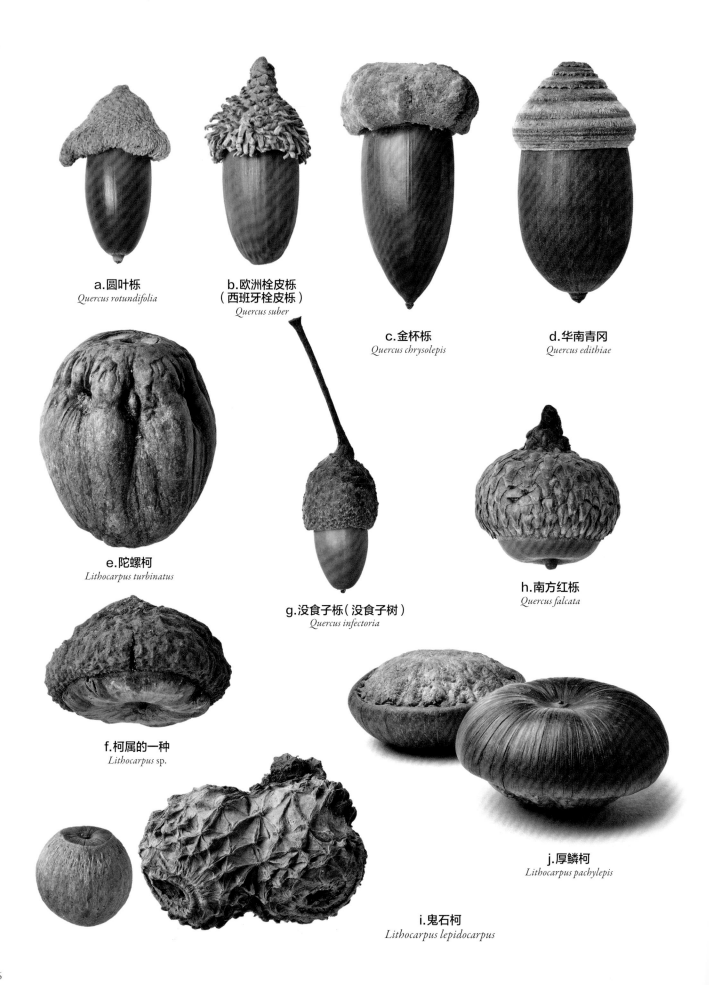

a.圆叶栎
Quercus rotundifolia

b.欧洲栓皮栎
（西班牙栓皮栎）
Quercus suber

c.金杯栎
Quercus chrysolepis

d.华南青冈
Quercus edithiae

e.陀螺柯
Lithocarpus turbinatus

g.没食子栎（没食子树）
Quercus infectoria

h.南方红栎
Quercus falcata

f.柯属的一种
Lithocarpus sp.

j.厚鳞柯
Lithocarpus pachylepis

i.鬼石柯
Lithocarpus lepidocarpus

k.米心水青冈
Fagus engleriana

l.圆齿南青冈
Fagus crenata

m.大鳞中东栎
Quercus ithaburensis subsp. *macrolepis*

n.双色栎
Quercus bicolor

o.硬壳柯
Lithocarpus hancei

p.台湾青冈
Quercus morii

a.H3cm，原产地中海。种子单宁含量少，可食用，也可作为伊比利亚猪育肥期间的饲料。/**b.**H4.5cm，原产地中海。可从树皮中采集软木。/**c.**H5cm，原产北美西部。多分布于沿海地区的常绿树。/**d.**H5cm，原产中国南部至越南。/**e.**H5cm，原产婆罗洲岛。/**f.**W5.3cm，原产婆罗洲岛。/**g.**H3.3cm，原产希腊。自古以来，该植物叶片上结成的虫瘿就被作为药材使用。/**h.**W2.5cm，原产北美中南部至东部。/**i.**（种子）H2.5cm，原产中国。坚果被壳斗完全包裹在内。可以通过老鼠或松鼠等啃咬壳斗而发芽。/**j.**W5cm，原产中国南部至越南。/**k.**H1.8cm，原产中国。长柄是其特征。/**l.**H2.8cm，原产日本。在日本东北地区形成了该树木的纯林。三棱锥形的果实是其特征。/**m.**H5.5cm，原产巴尔干半岛和地中海东南部。/**n.**H3.3cm，原产北美中部至东北部。/**o.**H2.5cm，原产中国秦岭南坡以南各地。/**p.**H8cm，原产中国。

胡桃科胡桃属·各种核桃

胡桃属植物主要分布在北半球温带地区,雌雄同株异花。
目前胡桃属已知的有21种,其中有多种结有硕大的假核果(俗称核桃)。
种子的子叶中富含脂质、维生素E、矿物质等,
自古以来就被人们用来食用。

胡桃
Juglans regia

胡桃科 / 胡桃属 /*H*4.2cm
胡桃品种众多,图中的为信浓胡桃,据说是由
东方胡桃与波斯胡桃经过自然杂交后形成的。
皮薄,可食用部分多,味道很好。主产于日本
长野县。

胡桃楸
Juglans mandshurica

胡桃科 / 胡桃属 /*H*4.2cm
分布于中国东北地区至朝鲜半岛北部。壳较厚,
褶皱较深。

鬼胡桃
Juglans mandshurica var. *sachalinensis*

胡桃科 / 胡桃属 /*H*3.3cm
原产日本,自绳文时代起,其种子就被人们加
以利用。由于其叶片中富含化感物质,因此其
树下很难生长其他植物。

黑胡桃
Juglans nigra

胡桃科 / 胡桃属 /*H*3.6cm
分布于北美。其木材色调沉稳且富有光泽,多
用于制作家具。虽然很好吃,但壳很硬,很难
打开。

杂交胡桃
Juglans x spp.

胡桃科 / 胡桃属 /*H*4.2cm
图为日本的一种文玩核桃,日文名为テモミグ
ルミ,据说是由波斯胡桃等栽培品种与鬼胡桃
等野生种杂交后获得的。其硬壳不易打开且可
食用部分较少,因而比起食用,多被放于掌中
揉搓把玩。

姬胡桃
Juglans mandshurica var. *cordiformis*

胡桃科 / 胡桃属 /*H*3.2cm
原产日本。鬼胡桃的变种。与鬼胡桃相比,表
面更为光滑,形状呈心形。虽然壳很硬,可食
用部分很少,但味道上乘。

柏科·杉树三兄弟的球果

巨杉是世界上体积最大的树木，北美红杉是世界上最高的树木，水杉则享有"活化石"的盛名。它们都长有形似羽状复叶（小叶在叶轴的两侧排列成羽毛状的形态）的叶片，是柏科下的三种针叶树，但在分类上所在的属不同，每一种树都是所在属的唯一种。

巨杉
Sequoiadendron giganteum

柏科 / 巨杉属 / H6.5cm
只生长在美国加利福尼亚州内华达山脉西侧的野生常绿树，因其巨大的体型得名"巨杉"，又因其健硕粗壮的树形而被称作"男杉"。

水杉（左）
Metasequoia glyptostroboides

柏科 / 水杉属 / H2.2cm
由于曾经只发现过化石，水杉一度被视为灭绝物种。但在20世纪40年代，中国科学家在四川省发现了幸存的水杉，可谓是植物界的"活化石"。

北美红杉（右）
Sequoia sempervirens

柏科 / 北美红杉属 / H2.5cm
只生长在美国俄勒冈州至加利福尼亚州等地的野生常绿树。在江户时代传入日本。树木高度可达100m，但其结出的果实却出乎意料的小。因其苗条修长的树形又被称作"女杉"。

松科・各种松果

松果，是呈球形或椭圆形的松科植物球果的统称。
一些松科植物的种子上长有"翅膀"，能借助风力，实现远距离移动。
世界上已知的松科植物共有11属，200多种，其中种最多的松属有约110种。
松属植物绝大多数分布在北半球，原产南半球的只有苏门答腊松（*Pinus merkusii*）。
中国产20多种松属植物，日本产6～7种。
顺带一提，"pineapple（松pine+果apple）"这一词汇原本是松果的英文名称，
后来在美洲大陆上发现了菠萝这一水果，"pineapple"被转用来指代菠萝，
松果则改用"pinecone"一词称呼。

雪松
Cedrus deodara

松科／雪松属／*H*10.5cm
原产喜马拉雅西部至巴基斯坦北部等地。在日语中被称作"喜马拉雅杉"。
在印度等地，雪松被视为神圣的树木，其种加词"deodara"在印度语中
有"神树"之意。卵形的球果笔直指向天空，不久后种鳞张开，最后种鳞
四处脱落。顶端的种鳞以花朵状残留，被称为"cedar rose（雪松玫瑰）"。
种子有翅，可以优雅地旋转下落。

大果松

Pinus coulteri

松科 / 松属 / *H*30cm

原产美国西部的三针松。其松果硕大，有的长可达30cm、重可达2kg。虽然大果松的松果大小排在糖松的松果之后，但其重量位居世界第一。种鳞的前端向后翘起，种子的大小也很可观。

日本铁杉
Tsuga sieboldii

松科 / 铁杉属 /*H*2.2cm
分布在日本本州至九州的高山，以及韩国南
部等地。日本铁杉的叶片一长一短前后成对
排列。与日本冷杉的生长发育环境和形态特
征相似，但叶片前端柔软无刺。

糖松
Pinus lambertiana

松科 / 松属 /*H*32cm
原产美国西部的五针松。作为高度可达70m
以上的巨型树木，其松果长可达50cm以上，
是松属中松果最长的树。种子上有巨大的种翅。
种子可食用。这种树中可以提取出甘甜的树脂，
因此被叫作"糖松"。

花旗松

Pseudotsuga menziesii

松科 / 黄杉属 / H7.5cm
原产美国西北部。树木高度可达100m，多作
为木材借用。松果的特征是种鳞外侧有爪状
突起。

日本黄杉

Pseudotsuga japonica

松科 / 黄杉属 / H5cm
只生长在日本部分地区的特有种。其木
材可用于制作木桶等。

台湾油杉

Keteleeria davidiana var. *formosana*

松科 / 油杉属 / H7.5cm
中国特有种。原产中国台湾省。由于木材中油
分较多而被称作"油杉"。其松果在干燥后，种
鳞会明显张开、向后翘曲。

金松

Sciadopitys verticillata

金松科 / 金松属 / H5.8cm
日本特有种。由于其树形优美，多被用作庭园树。
种鳞先端宽圆，边缘向外翻卷。在日本和歌山
县高野山一带，有着将金松视为灵木供奉在佛
像前的风俗。

欧洲云杉
Picea abies

松科 / 云杉属 / *H*17cm

原产欧洲中北部。有许多园艺品种，常被用作圣诞树。此外，由于其下半部分的树枝不会枯萎垂落，也被作为防风、防雪林木而广泛种植。欧洲云杉的松果大小在云杉属中排名第一。布谷鸟自鸣钟的摆锤就借鉴了欧洲云杉的松果形状。

日本云杉
Picea torano

松科 / 云杉属 / *H*9cm

日本特有种。在日本山梨县山中湖的附近有被指定为天然纪念物的日本云杉纯林。虽属于云杉属，但与冷杉属植物形态特征十分相似，叶片呈针状，十分尖锐，因此在日本得名"针枞"。

乔松

Pinus wallichiana

松科 / 松属 / H23cm
原产喜马拉雅的五针松。乔木，多
产有白色树脂。松果长度有时能超
过20cm。

华山松

Pinus armandii

松科 / 松属 / H12cm
原产中国的五针松。种子无翅，稍大
的种子（10～15cm）可食用。华山松
在日语中被叫作"高岭五叶"。

红松

Pinus koraiensis

松科 / 松属 / H11cm
原产东亚的五针松。松果即使在干燥
的情况下，其种鳞也几乎不会张开。
种子在被种鳞包裹的状态下自然掉落。
种子无翅，可食用。

火炬松

Pinus taeda

松科 / 松属 / *H*9cm
原产美国东南部的三针松。中国多地引种栽培。日本的公园里也经常栽种此树。种鳞的前端有尖锐细小的刺，若是不小心触碰到，会被扎伤。

海岸松

Pinus pinaster

松科 / 松属 / *H*12.5cm
原产欧洲南部的二针松。松果体型较大，最大的可达20cm。虽然种子较小，但有很大的种翅，可以优雅地旋转落下。海岸松多被用于采集松脂或用作木材。

意大利松

Pinus pinea

松科 / 松属 / *H*12.5cm
原产欧洲南部的二针松。种子较大（2cm左右），无种翅。在欧洲被用来食用，因而自古以来被广泛种植。该物种老树的树冠呈有特色的伞形，因而又被称为"意大利伞松"，常被当作庭园树使用。

鬼松
Pinus sabiniana

松科 / 松属 / *H*15cm
原产美国西部的三针松。生有美丽的银白
色树叶，该树在英语中也被称作"gray
pine（灰松）"。其松果的重量居于世界第二，
仅次于大果松。种子上长有较小的种翅，
无法旋转下落。

北美乔松
Pinus strobus

松科 / 松属 / *H*12cm
原产美国东部的五针松。种鳞的表面附有白
色的树脂是其特征。树高可达50m以上，是
美国大西洋沿岸最高的树种。可作为优质木
材使用。

豆科·各种荚果

豆科（Fabaceae）有多达650属，近12000种，是一个大家族，
包括草本植物、木本植物、藤本植物等，形态多样。
本节，我们从世界各地收集的豆科植物的荚果中，
精选出形态十分独特的，为大家一一介绍。

李叶豆

Hymenaea courbaril

豆科 / 李叶豆属 / *H*18cm

原产中南美的常绿乔木，高达45m。荚果硕大、木质，长10~20cm。因为其荚果十分坚硬，砸到头上可能会使人受伤，所以其栽培使用受到一定限制。将荚果切开后，数粒种子的周围布满了甘甜的果肉，在当地，这种果肉通常被人们用来食用。李叶豆的果实会散发独特的臭味，其树皮、树脂、木材等均可加以利用。

泰国油楠
Sindora siamensis

豆科／油楠属／*W*7.8cm
原产东南亚的落叶小乔木。长度不到1cm的赤黄色
花朵呈穗状绽放后，会结出长4~10cm、形状奇特
且长有小刺的荚果。荚果中间有长1.5cm左右的黑
褐色种子，种子形状较为扁平，覆有一层较大的假
种皮。种子掉落在树下后，其假种皮被白蚁吞食，
种孔部位逐渐暴露在外，种子得以生根发芽。

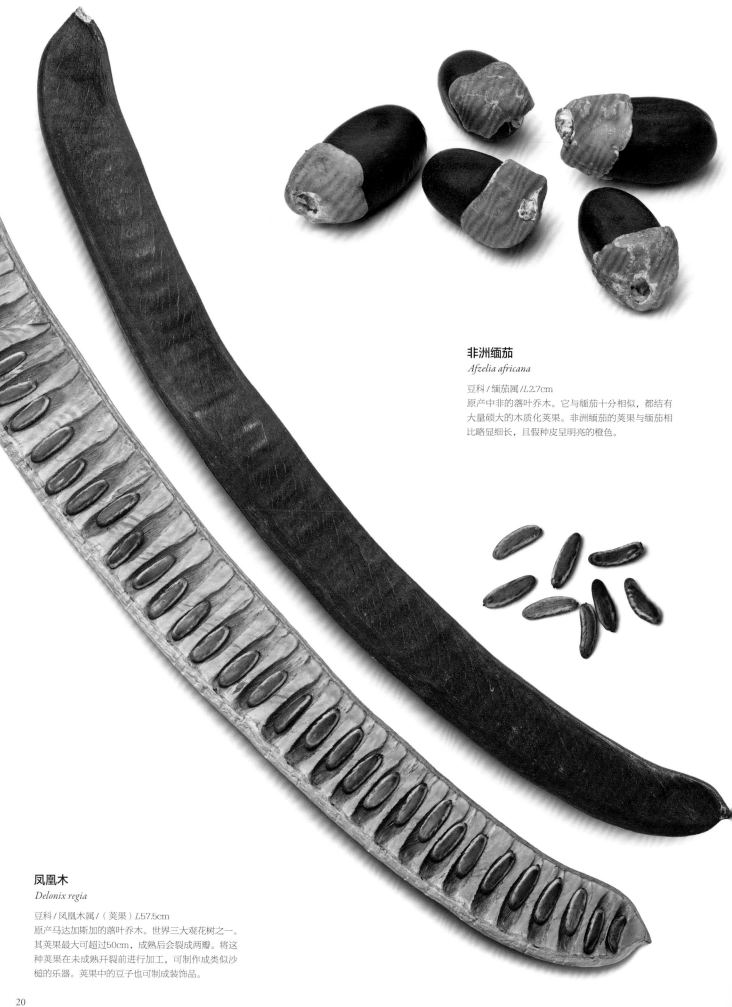

非洲缅茄

Afzelia africana

豆科 / 缅茄属 / L2.7cm
原产中非的落叶乔木。它与缅茄十分相似，都结有大量硕大的木质化荚果。非洲缅茄的荚果与缅茄相比略显细长，且假种皮呈明亮的橙色。

凤凰木

Delonix regia

豆科 / 凤凰木属 /（荚果）L57.5cm
原产马达加斯加的落叶乔木。世界三大观花树之一。其荚果最大可超过50cm，成熟后会裂成两瓣。将这种荚果在未成熟开裂前进行加工，可制作成类似沙槌的乐器。荚果中的豆子也可制成装饰品。

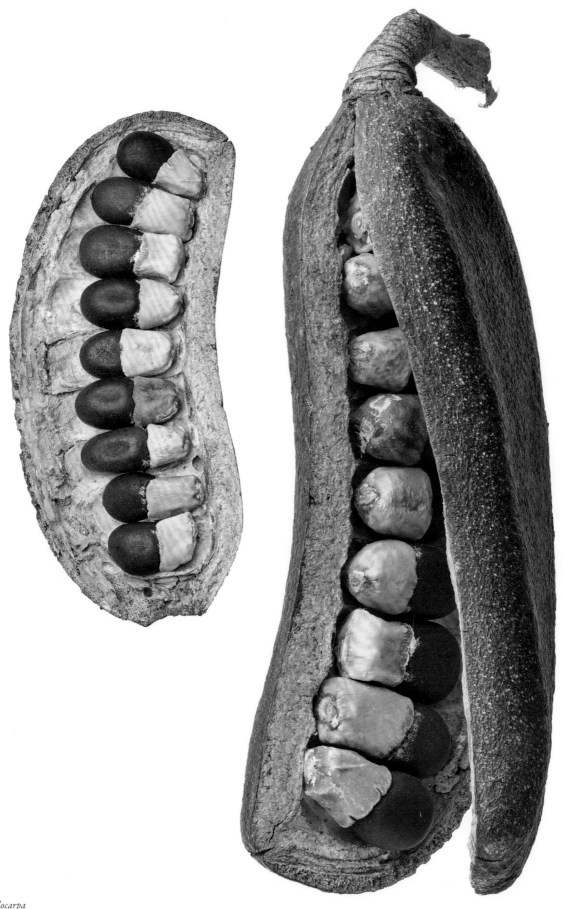

缅茄

Afzelia xylocarpa

豆科 / 缅茄属 /（英果）*H*17cm

原产东南亚的落叶乔木。木质化的硬荚果扁而厚，内部排列的种子整齐有序。荚果在树上成熟后会自然开裂，假种皮包裹着的种子纷纷散落在地下。种子坚硬如石，在古代作为制作念珠的材料传入日本，因此在日本的一些佛具用品店中，缅茄也被称作"缅茄菩提树"。但缅茄与椴树科的南京椴（日语中叫"菩提树"）和桑科的菩提树（日语中叫"印度菩提树"）没有丝毫关系。

眼镜豆

Entada rheedei（Entada rheedii）

豆科／榼藤属／（荚果）L76cm

原产中非及东南亚等地。近1m长的荚果中，每一节都有一个直径3~5cm
的大豆子。荚果成熟后，会一节一节地脱落。种子有浮力，可由河边的
生长地顺流而下，乘着海流漂至世界各地的海岸。因此，眼镜豆的豆子
被视为海员的幸运护身符。

具腺榼藤

Entada glandulosa

豆科／榼藤属／（荚果）L21cm

与结有巨大荚果的眼镜豆同为一属，但其荚果较小，
只有20cm左右。红褐色的种子呈球形，其大小只有
1cm左右，也被称为"小榼藤"。该植物生长在内陆
干燥地区，因此种子不具备浮力，放入水中会立刻沉
入水底。

巨楂藤

Entada gigas

豆科/楂藤属/（种子）W6cm
具有豆科植物中最大的荚果，长可达2m。与生长在
南美和非洲等地的野生眼镜豆类似，种子有浮力，经
常能见到漂流到北美东南海岸的巨楂藤种子。巨楂藤
种子的形状较为奇特，一侧的凹陷使得它们看起来如
同心形一样，因此又被称作"海洋之心（Sea
Heart）"。

小刀豆
Canavalia cathartica

豆科 / 刀豆属 /（右边荚果）H10.6cm
分布于热带至温带的沿海地区。虽然花是粉红色的蝶形花，但与其他很多开蝶形化的豆科植物不同，开放时上下方向颠倒。本种的种子能漂浮在海上，借助水流实现传播，因此也被称为"Bay Bean（海滨豆）"。其种子中含有阻碍营养吸收的物质。同属的刀豆（*Canavalia gladiata*）与之相比荚果更大，同为腌制福神渍（注：什锦八宝菜，日本下酒菜之一）的原料。

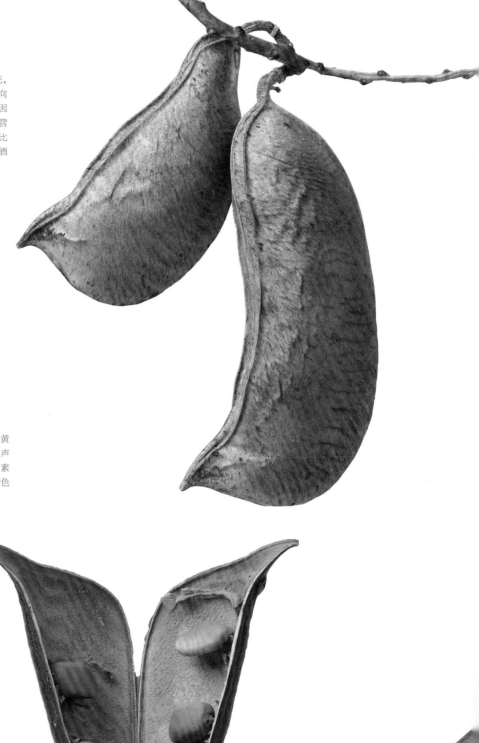

苏木
Caesalpinia sappan

豆科 / 云实属 /（荚果）H8.7cm
原产印度至东南亚等地的小乔木。在枝头开有许多5瓣的黄色花朵，呈圆锥花序排列。成熟的荚果在干燥后会发出声音开裂。从苏木的红色心材中可提取出名为巴西苏木素（Brazilin）的染料，这种染料可染出偏黑的红色，该颜色在日语中被称为"苏芳色"。

腊肠树
Cassia fistula

豆科 / 腊肠树属 / L53cm
原产印度和斯里兰卡的落叶乔木。会绽放大量的黄色
花朵，总状花序长可达30cm或更长，开花的场景非常
壮观，因此也被称作"黄金雨"，在热带地区被广泛栽
培。花后会结出近60cm长的黑色圆筒状荚果，不开裂。
荚果中被分隔出许多室，每个室中都生有种子。

大果铁刀木
Cassia grandis

豆科 / 腊肠树属 / L43cm
原产中美洲的落叶乔木。能开出大量鲑鱼粉色的花朵。
因其花朵的颜色，也被称作"粉花腊肠树"。与腊肠
树相比，其果实更为粗壮短小。

绒果决明
Cassia bakeriana

豆科 / 腊肠树属 / L38cm
缅甸、泰国特有的落叶乔木。因为花期整棵树能开满
淡粉色的花朵，非常美丽，所以常作为观花树栽培。
花后会结出近80cm长的圆筒形荚果，其表面覆有一层
天鹅绒状的毛。荚果中有许多被矮圆柱状果肉包裹的
种子。

光海红豆（五彩海红豆）
Adenanthera pavonina

豆科 / 海红豆属 /（种子）*W*0.9cm
原产古热带植物区的常绿乔木。开有奶油色的穗
状花。荚果中有形似算盘珠、光泽艳丽的红色种子，
自古以来就被用作装饰品。

红豆属多个未知种（单色红豆，雌豆）
Ormosia spp.

豆科 / 红豆属 /*H*1.2cm
原产北美西南部至南美各地的常绿乔木。种子的
大小与猴眼红豆相似，但无黑色图案。红豆属有
多个种结红色的单色种子，在流通时可能会混淆。

猴眼红豆（红黑双色豆，雄豆）
Ormosia coccinea

豆科 / 红豆属 / W1cm
原产北美东南部至南美各地的常绿乔木。长约5cm的荚果中有多个红黑双色的种子。其特征是种脐部分为红色，侧面为黑色。自古以来就被用作装饰品，特别是在南美等地，被认为是幸运的护身符。在红豆属中，有多个种结红黑双色种子，在流通时可能会混淆。

相思子
Abrus precatorius

豆科 / 相思子属 / （种子）H0.6cm
广泛分布于热带地区，是一种长达数米的藤本植物。2~3cm长的荚果中结有2~4颗红黑双色的种子，种脐部分为黑色。相思子的种子又被称为"Rozary Bean（祈祷念珠豆）"，自古以来就被用作装饰品。其种子中含有一种叫作"相思子毒素(abrin)"的剧毒性蛋白毒素，在加工时需要格外注意。

象耳豆

Enterolobium cyclocarpum

豆科 / 象耳豆属 / （荚果）*W*12cm

原产中美洲至南美洲北部各地的落叶乔木。花绿白色，头状花序圆球形，
簇生或呈总状花序式排列。由于其荚果宽大，弯曲成耳状，造型独特，
因而得名"象耳豆"。象耳豆是哥斯达黎加的国树。在墨西哥，象耳豆
的嫩种子被用来食用。在哥斯达黎加，象耳豆美丽的种子被用作装饰品。
象耳豆生长迅速，因此多被作为绿化树。但在有些地区，象耳豆属于外
来入侵物种。

伞序项链豆

Cathormion umbellatum

豆科 / 项链豆属 / （荚果）L10.2cm
原产东南亚至澳大利亚等地的落叶灌木。未成熟的
荚果各节处较细，其形状与槐藤的荚果类似。成熟
后的荚果表面会出现细小的裂纹，散发金属光泽。

少花猴耳环（金龟臭豆）

Archidendron pauciflorum

豆科 / 猴耳环属 / （荚果）W13cm
原产东南亚的常绿乔木。开形似合欢花的白色花朵。
荚果多扭曲成螺旋状。种子经浸泡后会像豆芽一样
发芽，可食用，深受泰国南部及印度尼西亚等地人
们的喜爱。

棕榈科·各种椰子

棕榈科（Arecaceae）有181属，约2600种，主要生长在沙漠至热带地区。
它们形态多种多样，包括藤本植物、灌木、没有主干的丛生植物等。
代表性的植物有果实能够提取出椰奶的椰子、果实中可以榨出棕榈油的油棕、
果实可以生食或晒干食用的海枣（枣椰子）等。
另外，棕榈科的一些植物，由于外观独特，也被广泛用作观赏树。

海椰子

Lodoicea maldivica

棕榈科/巨子棕属/H32cm
有着世界上最大的种子。原产塞舌尔共和国的两个岛屿。它能结出近
40cm的巨大果实，因此也被称作巨子（籽）棕。果实中有着形似人类
臀部的种子。由于巨大的身形和奇特的外观，自古以来，漂流至各地
的海椰子都被当地人看作是某种神秘的存在而备受珍视。但是，有发
芽能力的种子很重，不能在海上漂流，而且海椰子的种子从发芽到再
次结果需要耗费30年的光阴，因此它的繁殖能力很差。现在，海椰子
的主要野生地已被划为自然保护区，岛上所有的海椰子都纳入数据库
管理，种子售卖时要贴上政府颁发的证明报告。

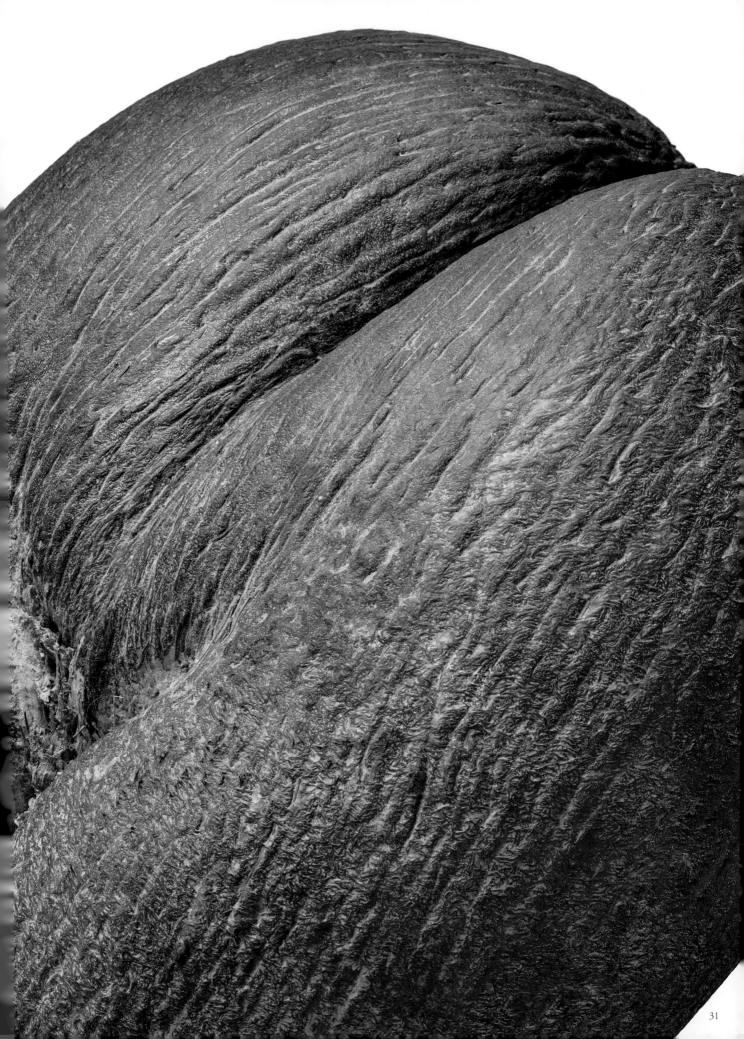

蓝脉葵
Latania loddigesii

棕榈科 / 红脉葵属 / H3cm
毛里求斯群岛特产。树高10m左右，单干。
多作为观叶植物栽植。果实中有楔形的种子，
种子一侧有着仿佛被雕刻过的树状纹路。

狐尾椰子
Wodyetia bifurcata

棕榈科 / 狐尾椰属 / L5cm
原产澳大利亚西北部。叶子呈刷子状，其独特的形
状被比作狐狸的尾巴，因此得名"狐尾椰子"。果实
长约5cm，呈穗状聚拢。果实中的种子呈黑色，表
面有若干凸起的纹路。

美丽直叶椰子（美丽亚达利棕、奥达尔椰子）
Attalea speciosa

棕榈科／直叶椰子属／*W*10.5cm
原产亚马孙流域。照片所示的果实中通常含有3粒以上的
种子，含60％以上的油分。如今，美丽直叶椰子的种子
多被用于食用、制作化妆品等。一棵美丽直叶椰子能够
结出数百颗果实，而且其茎叶也可被加以利用，是一种
非常有使用价值的植物。但是由于其果实的采割十分困难，
只能靠人力来完成，一直无法进行商业化的大规模栽培。

厄瓜多尔象牙椰

Phytelephas aequatorialis

棕榈科 / 象牙椰子属 / （右侧聚合果）*W*26cm

原产厄瓜多尔。多个果实聚集在一起，形成直径近30cm的聚合果，表面凹凸不平。每个果实中有3~5个种子。种子的胚乳部分干燥后非常坚硬，质地和色调都与象牙相似，因而也被称为"非洲象牙棕榈"。从100多年前开始，厄瓜多尔象牙椰就被欧美各国用作纽扣的材料，每年约有4万吨的厄瓜多尔象牙椰从原产地出口至这些国家。然而随着20世纪50年代塑料制作工艺的出现，厄瓜多尔象牙椰的用途大幅缩减，如今主要用于制作一些雕塑和装饰品。

叉茎棕（皮果棕、沙旦分枝榈）
Hyphaene coriacea

棕榈科 / 叉茎棕属 / *W* 7.7cm

原产热带非洲东部。它具有树干分叉的特征，这在棕榈科中极为罕见。结有独特的梨形果实。 外皮的纤维部分水灵甘甜，味道与姜汁面包相似。里面的胚乳部分干燥后会变得非常坚硬，可以作为象牙的替代品，所以也被称为"非洲象牙椰"。

象牙西谷椰

Metroxylon amicarum

棕榈科／西谷椰属／*W* 11cm

原产密克罗尼西亚南部的加罗林群岛。发芽数十年后开花、结果、枯萎，属于一次结实性棕榈类植物。果实直径约7cm，呈球形，被红棕色的鳞状果皮包裹着。果实中的胚乳部分干燥后呈象牙色，十分坚硬。在塑料普及前，多被用于纽扣等的制作，因此也被称为"纽扣椰"。

山龙眼科木百合属·各种木百合的果实

山龙眼科（Proteaceae）下的木百合属植物约有80种，
是南非特有的雌雄异株植物。
无论哪一种的枝头都开有松果状的木质化头状花序。
根据物种的不同，种子的形态和传播手段也会有所不同，
有带绒毛或糯米纸状种翅，可借助风力传播的；
有通过老鼠等小动物实现传播的；有具有油质体，可通过蚂蚁搬运实现传播的；
也有在火灾中头状花序初次打开，使得种子脱落而实现传播的。

b.子午木百合
Leucadendron meridianum

a.缪尔木百合
Leucadendron muirii

c.短毛木百合
Leucadendron pubescens

d.猩红木百合（红花木百合）
Leucadendron rubrum

e.宽子木百合（种宽木百合）
Leucadendron platyspermum

f.木百合
Leucadendron argenteum

a.H5.3cm，在木百合属下的众多物种当中，结有与松果最为相似的头状花序。/ **b.**H4.3cm，长有形似放大后的日本落叶松果实的头状花序。花序附近的苞叶呈黄色，非常显眼。/ **c.**W3.8cm，长有饱满圆润的头状花序，花序呈花朵状，表面覆有短毛。在新鲜的状态下颜色偏黑。/ **d.**W6.1cm，在干燥的状态下绽放的头状花

序虽已足够美丽，但其花蕾具有凹凸有致的拟宝珠般的独特形状，这奇特的造型使得花蕾更加美丽动人。/ **e.**H4.4cm，长有蜂蜜棍状的头状花序，花序中收纳着长有薄翼的种子。/ **f.**H8.4cm，叶片和果实上均覆有银白色的细毛，被称作"银顶"。木质化的头状花序形似大型花朵，其中含有带绒毛的种子。

桃金娘科·各种桉树的果实

把变种也算在内，桉树共有1000多种，其中大部分都是澳大利亚特有的树种。
桉树的叶片长有油腺，能够散发出独特的气味，很容易燃烧，而种子有耐火性，甚至还有不遇到火灾就无法发芽的桉树种子存在于世。
此外，桉树的花萼与花瓣合生成帽状体（形似盖子），
帽状体脱落后会绽放出雄蕊和雌蕊，这是桉树的一大特征。

美叶桉
Corymbia calophylla

桃金娘科 / 伞房桉属 /（果实）L2.8cm
广泛分布于澳大利亚西南部。近年来，美叶桉从桉属中
分离出来，被移至伞房桉属下。花朵多以5~7朵聚拢成簇，
雄蕊颜色多为白色至奶油色。美叶桉结出的果实呈顶部
有较大开口的罐状。

大果桉（红蕊大果桉）
Eucalyptus macrocarpa

桃金娘科 / 桉属 / W6cm
原产澳大利亚西南部的内陆地区。叶片较大，呈圆形，银色。
花单生，花朵较大，雄蕊呈鲜艳的红色。圆锥状的果实，长
5~7cm，是众桉树中果实最大的。果实顶部开裂为五瓣。

红盔桉（血皮桉）
Eucalyptus erythrocorys

桃金娘科 / 桉属 /（果实）W5cm
原产澳大利亚西南部沿岸。花多以3朵一组开放，雄蕊呈黄绿
色。果实硕大，有4~5个棱，侧面有很多的凹槽。

莱曼桉未成熟的花蕾（在帽状体能够摘取之前，将其进行干燥处理）

莱曼桉（笼果桉）
Eucalyptus lehmannii

桃金娘科 / 桉属 / （底部）W6cm
原产澳大利亚西南部沿岸。通常10~15朵花紧贴在一起，呈簇状。雄蕊白中透绿。由于其花蕾在帽状体摘取前经过干燥处理后的模样形似蜘蛛，在市场上常以"蜘蛛球"的名称流通。花后结出的果实顶部裂成3~4瓣，会有种子从中脱落。

锦葵科猴面包树属·
各种猴面包树的果实

锦葵科（Malvaceae）猴面包树属有8种猴面包树，
它们只生长在非洲大陆、马达加斯加岛和澳大利亚三个地区。
无论哪一种猴面包树，都生长在萨瓦纳气候（热带草原气候）下，
为了应对旱季，它们通常将水分储藏在树干中，
长成大树后，树干多呈下部膨大的酒瓶状，树形十分奇特。

a.澳洲猴面包树
Adansonia gregorii

b.猴面包树
Adansonia digitata

c.大猴面包树
Adansonia grandidieri

e.亮叶猴面包树
Adansonia za

d.红皮猴面包树（芬尼猴面包树）
Adansonia rubrostipa（Adansonia fony）

a.H16cm，枝干呈瓶形，枝条在较低的位置伸展。花朵呈白色至奶油色，朝上方绽放。果实的形状多变。/**b.**L26cm，广泛分布在非洲大陆的热带草原气候区域。能长成树干直径超过10m的巨型树木。花朵为白色，下垂开放。该植株在日本京都府立植物园等地有栽植。/**c.**H15cm，分布于马达加斯加，在岛上有由该树种形成的林荫道，十分有名。根据环境的不同，其树形会有很大的变化。花朵为白色，

朝上方绽放。/**d.**H12.5cm，分布于马达加斯加，在各种猴面包树中，属于体型较小的，树干直径只有4~5m。花朵呈橙色至红色，花瓣与雄蕊的长度大致相同，朝上方绽放。在日本大阪市的"Sakuya Konohana Kan（盛开的花馆）"植物园中有栽植。/**e.**H29cm，广泛分布于马达加斯加岛内，枝干呈灰色是其一大特征。花朵呈橙色至红色，花瓣约是雄蕊的两倍长，朝上方绽放。

植物的"种"是如何被确定下来的？

分类学的变迁

下面我们来进一步了解一下分类学的变迁和各个系统的特征。

一般来说，生物除了中文名、日文名、英文名等只能在特定国家使用的惯用名之外，还有一个世界各国通用的名称——学名。学名由拉丁语的属名和种加词构成，这种命名规则被称为双名法（二名法），是瑞典的博物学家卡尔·冯·林奈创立的。

17 世纪至 18 世纪上半叶，欧洲从各殖民地收集到了各式各样的标本，博物学的研究开始蓬勃发展。在这种情况下，林奈开始整理之前已知的有关动植物的信息，制作出分类表，这是动植物分类系统化的开端。在此系统的基础上，他于 1735 年出版了一本名为《自然系统》（*Systema Naturae*）的书，总结了各个物种的特征以及与类似生物的不同点。在这里，林奈使用的分类法，除了作为基本单位的种之外，还设置了纲、目、属等上级的分类单位，并确定了其从属关系，由此近代分类学诞生了。

在植物方面，林奈特别着眼于雌蕊的数量，尝试进行分类，他在 1737 年出版了《植物属志》（*Genera Plantarum*），1753 年出版了《植物种志》（*Species Plantarum*）（第 1 版）。在书中，林奈设计出了上文所说的属名加种加词的双名法，用于植物名称的标记。现在生物的学名是按照国际命名惯例确定的，遵循了林奈的这一思路。然而，林奈时代的分类法只停留在了基于生物形态的相似性。1859 年，查尔斯·达尔文发表了《物种起源》（*On the Origin of Species*），进化论登上历史舞台，随着进化论被广泛认识，人们意识到林奈的这种分类法并没有正确地反映进化。

随着时间的推移，德国的植物学家阿道夫·恩格勒认为花的构造是由简单向复杂进化的，并于 1892 年提出了"恩格勒分类系统"。之后，汉斯·梅尔基奥尔（Hans Melchior）等学者对恩格勒分类系统加以改进，于 1953 年和 1964 年提出了"新恩格勒分类系统"。在这个分类系统中，首先将无法开花的蕨类植物、苔藓植物、藻类等划分为隐花植物，将可开花的植物划分为显花植物（种子植物）。而种子植物又近一步被细分为银杏、苏铁、松树等裸子植物和胚珠包藏在子房内的被子植物。而根据种子发芽时最先长出的叶片的形态，被子植物又大致被分为了双子叶类和单子叶类。双子叶类又被分为了花瓣各自分离的离瓣花类和花瓣互相连合的合瓣花类这两大类。

以恩格勒的观点为基础的分类系统，是根据花的形态进行分类的，由于可以直观地观察出各科的特征，非常容易理解，因此长期以来日本的图鉴和教科书都采取了这种分类系统。然而随着研究的深入，人们发现了很多用这种分类法无法完全说明的事例，比如同一科下植物的花瓣有的各自分离，有的相互连合；花瓣有 3 片 +3 片结构的确定为百合科，但却混有多种不同类型。而且，随着科学的发展，新恩格勒分类系统中各个科的关系不能正确地反映进化系统等事实也逐渐明确。

在这种情况下，1981 年，美国植物学家阿瑟·克朗奎斯特提出了"克朗奎斯特分类系统"，该系统基于"真花说"的基本观点，即"被子植物的花起源于花被、雄蕊、雌蕊等呈螺旋状排列的两性花，花的各个部分的数量越少越进化"。该系统将开花的被子植物大致分为了双子叶植物和单子叶植物两大类，这一点与新恩格勒分类系统基本相同。两者最大的不同在于，新恩格勒分类系统中将双子类植物分为了合瓣花和离瓣花，而在克朗奎斯特分类系统中则舍弃了这一概念。除此之外，豆科被分成 3 个科，菝葜科从百合科中独立出来，石蒜科被并入百合科。然而这一分类系统虽与新恩格勒分类系统相比更为系统化，但依旧是基于形态上的特征对物种进行分类。

在克朗奎斯特分类系统被世人广泛认识前，20 世纪 80 年代之后，基于植物 DNA 碱基排列的分子系统分类，随着分析仪器和计算机性能的急剧提高，迅速在全世界范围内得到了发展。DNA 是存在于所有生物之中的遗传信息，也被称为生物的设计图，由 A（腺嘌呤）、T（胸腺嘧啶）、G（鸟嘌呤）、C（胞嘧啶）四种碱基组合构成。通过 DNA 分析，我们能够明确这些碱基的排列顺序。特别是通过分析叶绿体中的DNA，有关被子植物进化史的研究得到了飞跃发展。在这之后，由国际上的植物学家们所创立的被子植物系统发育研究组（Angiosperm Phylogeny Group，APG）将新的知识加以概括总结，于1998年提出了"APG分类系统"。随着研究的深入，APG分类系统也在不断增加新的内容，分别于2003年、2009年进行了修订，2016年，APG分类系统第4版（APG IV）发布，并沿用至今。

以往的分类系统都是以外部形态假说为根据，对植物进行演绎、分类。而APG分类系统是从微观DNA碱基序列的解析出发，通过实证构建分类系统，这是一种在本质上与以往的分类系统不同的分类方法。因此，APG分类系统在很大程度上与原有的新恩格勒分类系统相背离，这让长久以来深受新恩格勒分类系统影响的人们感到十分困惑。例如，那些由于外形相似而被划分为同一科的植物，在经过DNA调查后发现是完全不同的，于是那些植物被划分为全新的科。相反地，那些外表完全不同、在以往被分为不同科的植物，根据其遗传基因来看，实则为近缘，因此又将它们统合为一科。如上所述，APG分类系统对植物分类进行了大幅度的变更。

以与本书有关的几种植物为例。APG分类系统将以往的萝藦科并入夹竹桃科，将槭树科、七叶树科并入无患子科，将木棉科、椴树科、梧桐科并入锦葵科。虽然存在这种大幅度的改编和视觉上的不协调感，但在最新的研究领域中，APG分类系统已经成为主流。

正是由于分类系统经历了这番变迁，如今的我们才可以知道某种植物属于哪个属，完成了什么样的进化等。APG分类系统的问世相对较晚，目前大部分的书籍仍旧采用新恩格勒分类系统或克朗奎斯特分类系统来对植物进行标记。我们可谓是正处于分类系统的过渡期，根据图鉴的不同，有些植物的科名也有所不同，这就导致了不少的混乱。但随着知识学问的不断更新、数据信息的持续收集，各植物之间新的联系将会逐渐展露在世人面前。虽然今后可能会对科和属重新进行划分，但我认为，植物分类系统的变迁最终将会在APG分类系统上划下终止符。如今，世界各地仍然有新物种不断被发现，植物分类学的世界依旧充满了未知与奥秘。

梧桐

Firmiana simplex

锦葵科 / 梧桐属 / L 10.5cm
原产中国南部等地的落叶乔木，长有与毛泡桐类似的宽大叶片。因其树干为青绿色，也被称为"青桐"。花后，一朵花会结出5个袋状果实，果实成熟后开裂成船形，种子生在边缘。

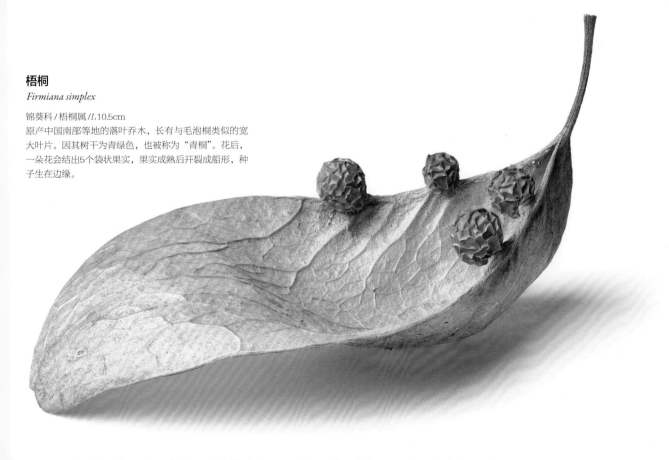

第 2 章 传播

越是了解果实（种子），就越能体会到植物的智慧。人类一直向往着在天空中飞翔，从达·芬奇开始，人们设计了各种各样的飞行器。而植物在更早之前，在漫长的进化中就已创造出了它们的"飞行器"。那些扎根于大地，无法像人或动物那样自由活动的植物们，为了能够将种子传播至更遥远、更广阔的新天地，做出了各种各样的努力和尝试。

例如，在易发生自燃的高温干燥地带、雨季会被淹没的低洼地带等严酷的环境中，许多植物依旧能茁壮成长。为了使种子在这样的环境下平安扎根，有些植物会结出遇热或干燥后开裂的坚硬果实和能漂浮在水面上的果实；有些植物的果实长有螺旋状的种荚和毛，它们在遇到水汽后，扭曲的部分会舒展开来，使得种子可以适时地洒落地面；甚至有些植物像魔术师一样，能通过旋转力将种子嵌入地面。

本书涉及的种子的传播方式大致可分为：长有绒毛或薄膜状种翅，可在空中飞行或滑翔的"飞翔型"；长有形似羽毛毽子的种翅，可旋转下落至地面的"旋转型"；长有小刺，可附着在动物的皮毛上实现移动的"附着型"；可以顺着河流或大海的水流实现移动的"漂流型"；果实可以通过自身爆裂使种子实现传播的"爆裂型"，其中包括遇热或干燥实现爆裂的"热·干燥爆裂型"。还有通过动物食用实现传播的类型，本书中没有特别分类。

为了使这些多种多样的繁殖方法成为可能，果实甚至进化出了各种与众不同的形态。在本书的第 2 章，将着眼于种子的传播方式，为大家介绍各种各样的果实。与第 1 章中所介绍的那些在分类学上互为近缘种的植物具有形态相似的果实不同，在第 2 章里，即使果实具有相同的传播方式、拥有相似的形态，在分类学上却并不一定互为近缘种。这一点值得注意。

根据物种的不同，果实上羽毛的形状、果实内种子的数量、果实上刺的大小等要素都会有所不同，这使得每一种植物的果实都散发着独特的魅力。

这个世界上不存在完全相同的果实。

药用蒲公英（50页）的种子

旋转下落
罗伯氏娑罗双（67页）果实的移动轨迹

随风飞舞

有些果实的种子可以随风飘向远方。

它们有的发育出糯米纸一样的薄膜状"翅膀",种子成为重心,便于在空中滑翔;

有的长有类似棉花的纤维将种子包裹起来,增加了空气阻力,使种子可以轻飘飘地在空中飞舞。

另外,豆科植物在荚果中孕育一枚豆子的这一构造,

使得整个荚果可以被风捕捉,从而实现一次御风飞行。

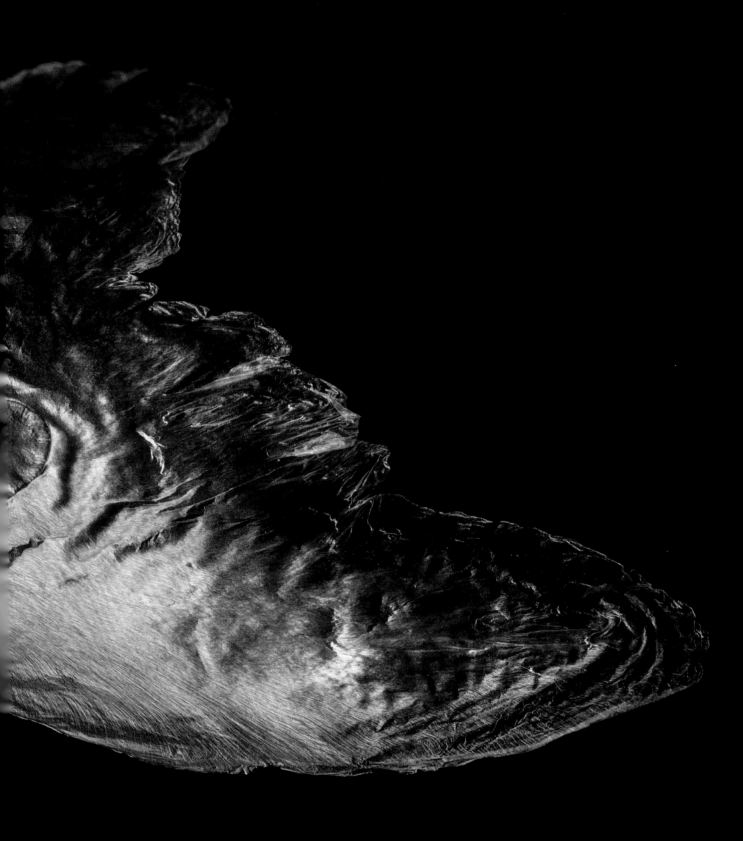

翅葫芦

Alsomitra macrocarpa

葫芦科/翅葫芦属/（种子）*L*16cm、（果实）*W*22.5cm

原产印度尼西亚、马来西亚等地。翅葫芦多攀附在其他的树木上向上伸展，雌株会在高处结出像西瓜一样的果实。果实成熟后会从底部开裂，掉落出长有巨大翅膀的种子。翅葫芦的果实中含有300~500枚种子，但每枚种子的翅膀大小都不尽相同。有的可以直接在空中滑翔，有的则可以左右回旋，还有的是急速旋转下落的……根据种子形状的不同，它们的传播方式也各不相同。据说，奥地利的设计师伊戈·埃特里希就是从种子翅膀的形状中得到启发，发明出了无尾翼滑翔机（鸽式单翼机）。

药用蒲公英
Taraxacum officinale

菊科/蒲公英属/（冠毛）*L*1.5cm
原产欧洲。根颈处生有放射状展开的莲座
状叶丛，亮黄色的舌状花呈头状花序聚集
在一起。总苞片向下弯曲。花后，茎伸长
变高。覆有白色冠毛的瘦果可随风向四处
飘散。

药用蒲公英（放大后）

芹叶牻牛儿苗
Erodium cicutarium

牻牛儿苗科 / 牻牛儿苗属 /*H*1cm
原产欧洲。开有直径约1cm的粉紫色五瓣花。在
江户时代作为观赏花被引入日本，之后便逐渐在
日本零星地野生化。含有种子的蒴果细长尖锐，
形状酷似击剑运动中所使用的剑。成熟后，细长
的蒴果分裂成5瓣，每瓣都像线圈一样卷起，随着
种子一起脱落。掉落在地面上的种子经过雨水等
的滋润后，线圈状扭曲的部分将会舒展开来，从
而把种子"拧进"地里。

木棉

Bombax ceiba

锦葵科/木棉属/*H*15cm
原产亚洲热带地区的落叶乔木。枝头开满
了直径约为10cm的肥厚红色五瓣花，姿
态十分美丽，多被作为观花树栽培。树干
上长有很多刺。木棉的果实呈纺锤形，十
分坚实。果实外皮呈黑色，成熟后会裂成5
瓣，并向空中释放大量被柔毛包裹的种子。
这种毛球掉落在地上之后会随风咕噜咕噜
地滚动。

哥伦比亚弯子木

Cochlospermum orinocense

红木科/弯子木属/（果实）*W*7cm
原产中南美的落叶乔木。其枝头开着很多直径约为
7cm的黄色五瓣花，与单瓣弯子木同属一科。花后
会结出长度约为7cm的椭圆形果实，干燥后果实的
顶端开裂，从中露出覆有螺旋形状毛的种子。

吉贝
Ceiba pentandra

锦葵科 / 吉贝属 / H17cm
原产中南美的落叶大乔木，树高可达
73m。有的树木基部生有高度可达3m
的大型板状根。在东南亚等地广泛种植。
叶片为掌状复叶，花朵呈奶油色。结有
黄褐色的纺锤状果实，干燥后果实会纵
向开裂，被丝状绵毛包裹着的种子从中
飞出。这种绵毛弹力十足，耐水性强，
因此在合成材料被开发出来之前，吉贝
的绵毛多被用作救生衣等的填充物。另外，
由于这种纤维不易捻合，因此也被作为
靠垫等的填充物来使用。

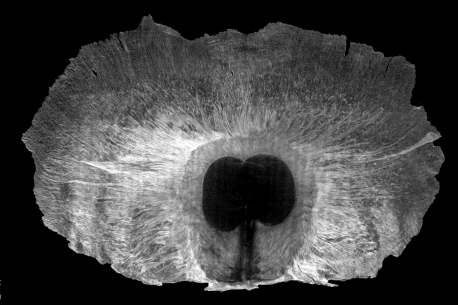

木蝴蝶

Oroxylum indicum

紫葳科/木蝴蝶属/（果实）L65cm

原产印度至东南亚等地的落叶乔木。在茎顶生有近1m长的花序。花朵直径7cm，顶端外侧为紫红色，内侧为奶油色，只在夜晚开放。木蝴蝶结果时，会结出近1m长的细长扁平的木质蒴果。里面收纳有呈两列多层排列的扁平种子，种子上长有糯米纸似的"翅膀"。在干燥的情况下蒴果开裂，种子从中滑翔而出，四处飞散。在东南亚，人们有将木蝴蝶的嫩果实焯水后食用的习惯。

老鸦烟筒花

Millingtonia hortensis

紫葳科/老鸦烟筒花属/（果实）*L*35cm

原产东南亚的常绿乔木。在枝头处长有顶端裂为五瓣的白色花朵，花冠筒细长。由于其花朵芳香扑鼻，多作为观花树种植。其树皮木栓质发达，因此又被称为"软木紫葳"。花后，会结出近30cm长的细长扁蒴果。里面收纳有呈两列多层排列的扁平种子，在干燥的情况下蒴果开裂，种子从中滑翔而出，四处飞散。

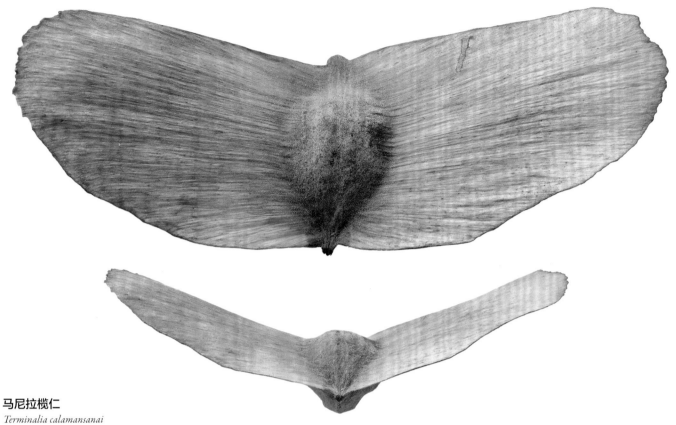

马尼拉榄仁

Terminalia calamansanai

使君子科 / 榄仁属 / *W*7cm

分布于东南亚的落叶乔木。枝头开有数朵奶油色的小花，
呈穗状。果实上长有向左右两侧伸展的翅膀，从树上脱落
后会滴溜溜地旋转下落。

托雷利青藤

Illigera thorelii

莲叶桐科 / 青藤属 / *W*7cm

以东南亚为中心分布的藤本植物。花朵大小约1cm，花瓣
细长，呈白色。在泰国，该物种的嫩藤蔓和花序常被用来
食用。果实有四个棱角，其中的两个棱角相对发育较好，
形似翅膀。该物种的近缘种——台湾青藤，产于中国台湾省。

毛榄仁
Terminalia alata

使君子科 / 榄仁属 / H6.6cm
分布于印度至东南亚热带草原地带的落叶乔木，其高度可达30m。开有
奶油色的小花，呈穗状。果实上长有4～6个发达的棱角，呈翅膀状。果
实落至地面会随风咕噜咕噜地滚动。

奥氏黄檀
Dalbergia oliveri

豆科 / 黄檀属 / W9.9cm
原产西亚至东南亚的热带草原地带。是一种树高可达30m的落叶乔木。
长有淡紫色的总状花序。荚果中央结有一颗豆子，整个荚果能够起到翅
膀的作用。偶尔也会有一些荚果含有2～3颗豆子，在这种情况下，平衡
被打破，荚果将无法发挥翅膀的作用。由于奥氏黄檀的心材呈红色，十
分美丽，是优质的木材，因此遭到大量采伐。2013年奥氏黄檀被列为
IUCN红色名录濒危（EN）物种。

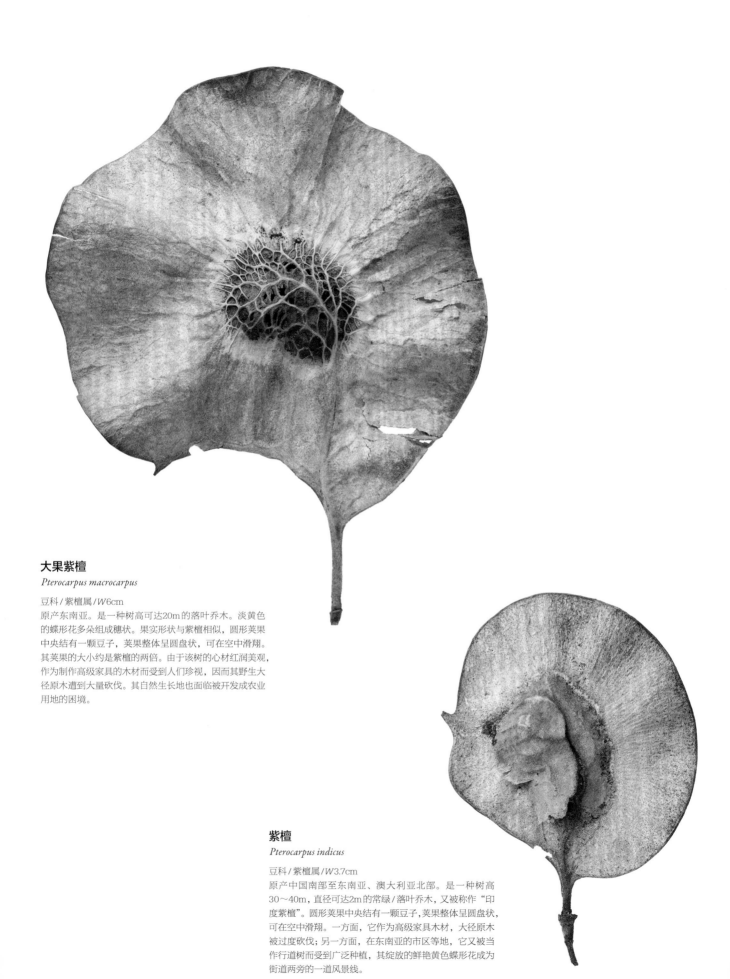

大果紫檀

Pterocarpus macrocarpus

豆科 / 紫檀属 / W6cm

原产东南亚。是一种树高可达20m的落叶乔木。淡黄色的蝶形花多朵组成穗状。果实形状与紫檀相似，圆形荚果中央结有一颗豆子，荚果整体呈圆盘状，可在空中滑翔。其荚果的大小约是紫檀的两倍。由于该树的心材红润美观，作为制作高级家具的木材而受到人们珍视，因而其野生大径原木遭到大量砍伐。其自然生长地也面临被开发成农业用地的困境。

紫檀

Pterocarpus indicus

豆科 / 紫檀属 / W3.7cm

原产中国南部至东南亚、澳大利亚北部。是一种树高30～40m，直径可达2m的常绿 / 落叶乔木，又被称作"印度紫檀"。圆形荚果中央结有一颗豆子，荚果整体呈圆盘状，可在空中滑翔。一方面，它作为高级家具木材，大径原木被过度砍伐；另一方面，在东南亚的市区等地，它又被当作行道树而受到广泛种植，其绽放的鲜艳黄色蝶形花成为街道两旁的一道风景线。

盾苞藤

Neuropeltis racemosa

旋花科 / 盾苞藤属 / *W*3.5cm

原产中国南部至东南亚各地。是一种多生长在林缘地带的木
质藤本植物。开有白色的五瓣小花。花后，花萼发育得很大，
像叶片一样。中间位置的果实含有一粒种子。盾苞藤在旱季
即将结束的时候，像叶片一样的大花萼会乘风飞翔，将种子
送至远方。在水边生长的盾苞藤的花萼则能充当木筏，使种
子随着河流实现传播。

旋转下落

槭属、龙脑香属植物的花萼或果实的一部分形似巨大的翅膀，
使得它们可以从上空旋转着落到地面。
这样不但可以缓和落地时受到的冲击，还可以扩大传播的范围。
在此，向大家介绍一些拥有旋转落地特征的种子。

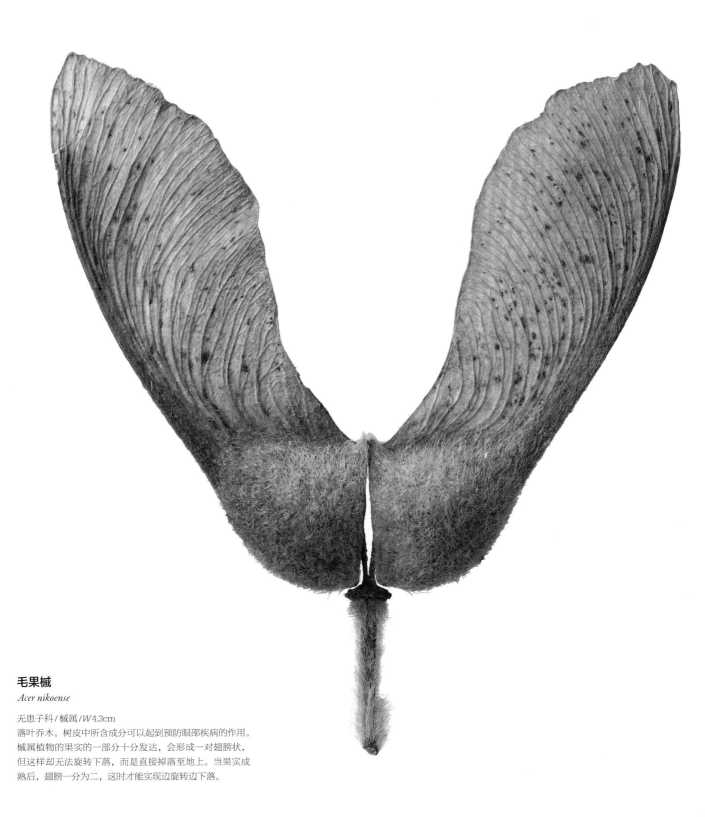

毛果槭

Acer nikoense

无患子科 / 槭属 / W 4.3cm
落叶乔木。树皮中所含成分可以起到预防眼部疾病的作用。
槭属植物的果实的一部分十分发达，会形成一对翅膀状，
但这样却无法旋转下落，而是直接掉落至地上。当果实成
熟后，翅膀一分为二，这时才能实现边旋转边下落。

紫矿
Butea monosperma

豆科 / 紫矿属 / *H*17.2cm

原产印度至东南亚热带草原地区的落叶乔木。
在日本也被称作"花没药树"。在旱季，4cm大
小的鲜艳橘红色花朵开满枝头，十分美丽。荚
果前端含有一粒豆子，整体呈纺锤状，这使整
个荚果能够起到翅膀的作用。

蝉翼藤
Securidaca inappendiculata

远志科 / 蝉翼藤属 / *H*10cm

原产中国南部至东南亚、印度的常绿乔木。果实中
的一部分发育成翅膀状。与紫矿属和密花豆属下植
物不同，蝉翼藤的种子生长在荚果基部。

显脉密花豆
Spatholobus parviflorus

豆科 / 密花豆属 / *H*13.2cm

原产中国南部至东南亚各地。是一种大型的木质藤本植物。
叶片为三出复叶，开有很多1cm左右的白色蝶形花。荚
果形状与紫矿相同，表面覆有天鹅绒状的褐色绒毛。

旋翼果

Gyrocarpus americanus

莲叶桐科 / 旋翼果属 / W10.4cm
原产环太平洋地区的落叶乔木。生有较大的圆形叶片，
落叶期间生有呈聚伞花序的白色小花。果实上长有
两枚较长的翅膀，与龙脑香的果实十分相似。由于
木材呈白色且材质较轻，多被作为防火材料和制作
双体船的材料。

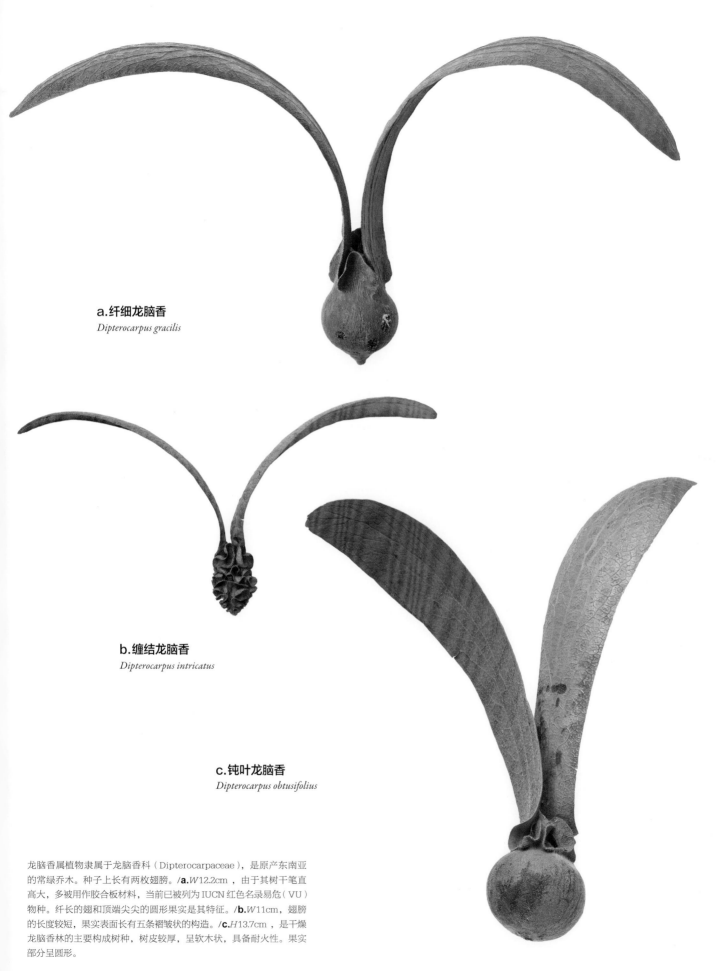

a.纤细龙脑香
Dipterocarpus gracilis

b.缠结龙脑香
Dipterocarpus intricatus

c.钝叶龙脑香
Dipterocarpus obtusifolius

龙脑香属植物隶属于龙脑香科（Dipterocarpaceae），是原产东南亚的常绿乔木。种子上长有两枚翅膀。/**a.**W12.2cm ，由于其树干笔直高大，多被用作胶合板材料，当前已被列为 IUCN 红色名录易危（VU）物种。纤长的翅和顶端尖尖的圆形果实是其特征。/**b.**W11cm，翅膀的长度较短，果实表面长有五条褶皱状的构造。/**c.**H13.7cm ，是干燥龙脑香林的主要构成树种，树皮较厚，呈软木状，具备耐火性。果实部分呈圆形。

高大龙脑香（具翼龙脑香）

Dipterocarpus alatus

龙脑香科 / 龙脑香属 / *W* 15.2cm

树高近40m的常绿乔木。它的别名"克隆木（Apitong）"为世人所熟知。高大龙脑香的树干多用作胶合板材料，已被列为IUCN红色名录易危（VU）物种。从泰国的清迈至南邦府的旧行道上多种植此树，其作为行道树十分有名。果实上长有5条棱角是其特征。下面的照片是从上方视角拍摄出来的翅膀的照片。

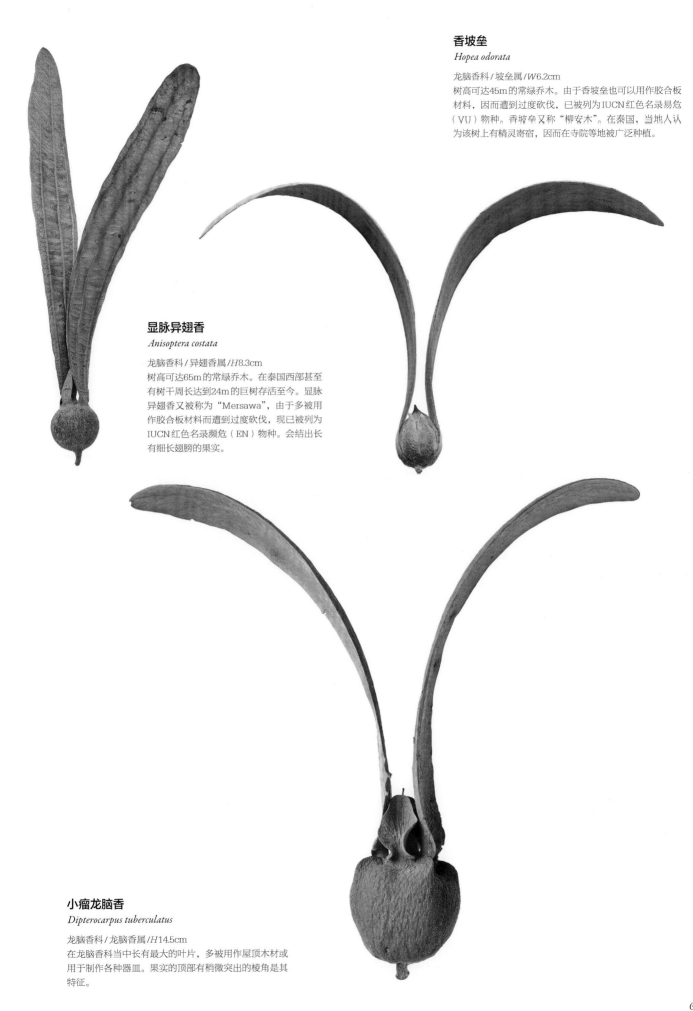

香坡垒

Hopea odorata

龙脑香科 / 坡垒属 / W6.2cm
树高可达45m的常绿乔木。由于香坡垒也可以用作胶合板材料，因而遭到过度砍伐，已被列为IUCN红色名录易危（VU）物种。香坡垒又称"柳安木"。在泰国，当地人认为该树上有精灵寄宿，因而在寺院等地被广泛种植。

显脉异翅香

Anisoptera costata

龙脑香科 / 异翅香属 / H8.3cm
树高可达65m的常绿乔木。在泰国西部甚至有树干周长达到24m的巨树存活至今。显脉异翅香又被称为"Mersawa"，由于多被用作胶合板材料而遭到过度砍伐，现已被列为IUCN红色名录濒危（EN）物种。会结出长有细长翅膀的果实。

小瘤龙脑香

Dipterocarpus tuberculatus

龙脑香科 / 龙脑香属 / H14.5cm
在龙脑香科当中长有最大的叶片，多被用作屋顶木材或用于制作各种器皿。果实的顶部有稍微突出的棱角是其特征。

a.泰国娑罗双
Shorea siamensis

娑罗双属也隶属于龙脑香科（Dipterocarpaceae），是原产东南亚的常绿乔木。果实上长有4枚翅膀。/**a.**W9.8cm，干燥龙脑香林的主要构成树种，树皮较厚，呈软木状，具备耐火性。5枚翅膀中有3枚较大，2枚较小。/**b.**W17.2cm，也被称为"浅红龙脑香"。树干多被用作胶合板材料。由花萼发育成的翅膀在同属植物中属于特别大的。/**c.**W6.5cm，别称为"白龙脑香"，翅膀与同属其他植物相比不易折断，翅膀中有3枚较大，2枚极小。/**d.**W6.3cm，所有翅膀都比较小，表面覆有短绒毛。

b.长翅娑罗双
Shorea pinanga

c.罗伯氏娑罗双
Shorea roxburghii

d.钝叶娑罗双
Shorea obtusa

缅甸胶漆树
Gluta usitata

漆树科 / 胶漆树属 / W8cm
原产东南亚热带草原地区的落叶乔木。白色的花朵成簇开放。
花后，五瓣花萼显著发育变红，顶端结出长有短柄的果实。这
是一个令人联想到直升机的漂亮造型。从此树中提取的树液自
古以来就被用于东南亚篮胎漆器的制作。江户时期，该树液传
入日本，用于漆器制作。

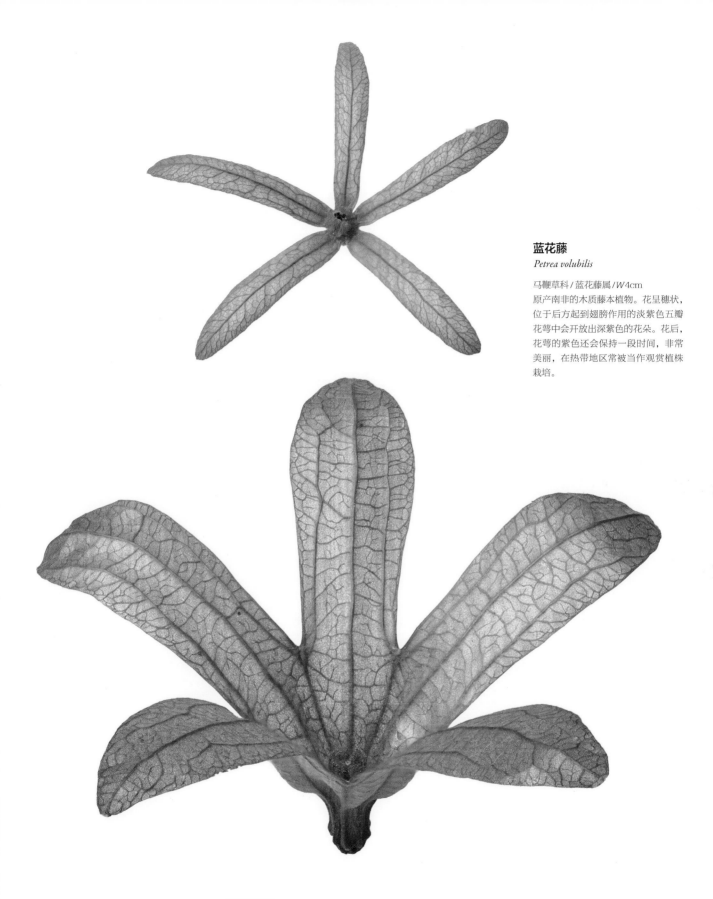

蓝花藤

Petrea volubilis

马鞭草科 / 蓝花藤属 / W4cm
原产南非的木质藤本植物。花呈穗状，
位于后方起到翅膀作用的淡紫色五瓣
花萼中会开放出深紫色的花朵。花后，
花萼的紫色还会保持一段时间，非常
美丽，在热带地区常被当作观赏植株
栽培。

沃尔夫藤

Petraeovitex wolfei

唇形科 / 东芭藤属 / W2cm
原产马来半岛的常绿木质藤本植物。伴有黄色装饰叶的奶油色
小花沿花序规律地排列，朝下开放。易培育，多被作为垂吊植
物栽培。花后，其五瓣花萼发育成翅膀状。

风筝果

Hiptage benghalensis

金虎尾科 / 风筝果属 / H5.4cm
原产东亚至东南亚各地。是一种树高可达10m
的常绿藤本或藤状灌木。花朵呈白色，基部具
黄色斑点，较为奇特。花后，会发育出3枚较
大的翅膀。

蓼树（树蓼）

Triplaris americana

蓼科 / 蓼树属 / W4.2cm
原产南美的常绿乔木。枝头开有穗状
的白色小花，花后，3～4枚花萼显
著发育。花萼呈红色，十分美丽，因
此在热带地区多有种植。蓼树与蚂蚁
共生，因此又被称作"蚂蚁树"。

云南黄杞

Engelhardia spicata

胡桃科 / 黄杞属 / H3.6cm
原产东亚至东南亚的常绿乔木。虽然隶属于胡
桃科，但却并不会结出硕大的假核果，而是结
有长长的果序。花萼裂成三瓣，发育成翅膀状。

大花三翅藤

Tridynamia megalantha

旋花科／三翅藤属／W6cm

原产东南亚，是生长在热带雨林的林缘地带的木质藤本植物，缠绕在其他树木上生长，生长距离近20m。长有0～10cm的形似旋花的白色花朵。花后，3枚花萼具着发育成翅膀状。与长有翅膀的龙脑香科植物的果实十分相似，会随风旋转下落。

楔翅藤

Sphenodesme pentandra

唇形科／楔翅藤属／W4cm

原产东南亚的木质藤本植物。总苞朝六个方向发育成翅膀。总苞中央开有数朵花丝显眼的紫色花朵。

71

染用舟翅桐

Pterocymbium tinctorium

锦葵科 / 舟翅桐属 / *W*5.5cm
原产东南亚的落叶乔木，树高可达40m。开有五瓣形
似花瓣的绿色花萼。花后，每朵花会结出五个果实，
长有外观奇特的翅膀。

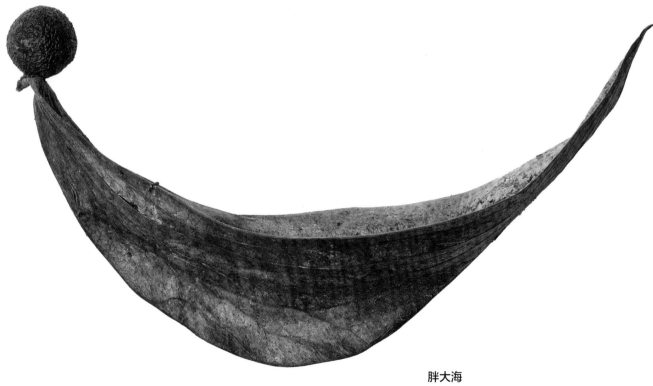

胖大海

Scaphium scaphigerum

锦葵科 / 胖大海属 / *W*11.5cm
原产东南亚的落叶乔木，树高可达45m。该物
种的果实是圆形的，同属的长管胖大海
（*S. macropodum*）的果实呈纺锤形。吸水后会变
得像果冻一样，在东南亚等地多用作饮料，深
受人们喜爱。

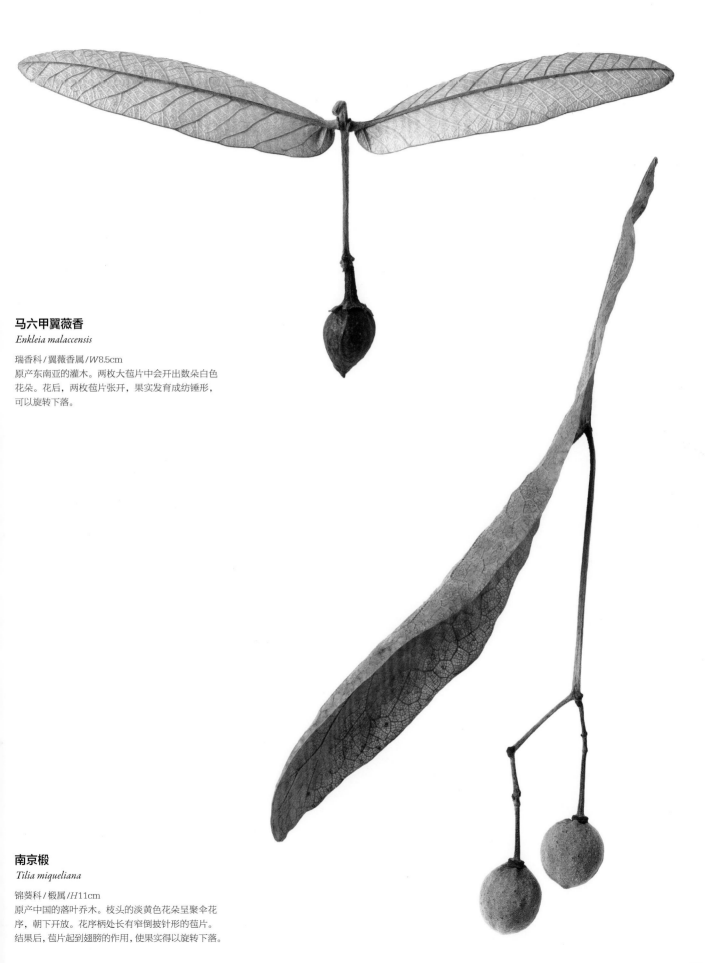

马六甲翼薇香
Enkleia malaccensis

瑞香科 / 翼薇香属 / *W* 8.5cm
原产东南亚的灌木。两枚大苞片中会开出数朵白色
花朵。花后，两枚苞片张开，果实发育成纺锤形，
可以旋转下落。

南京椴
Tilia miqueliana

锦葵科 / 椴属 / *H* 11cm
原产中国的落叶乔木。枝头的淡黄色花朵呈聚伞花
序，朝下开放。花序柄处长有窄倒披针形的苞片。
结果后，苞片起到翅膀的作用，使果实得以旋转下落。

附着于动物身上移动

在植物世界中，有长有钩爪或刺等使得种子可以附着于物体上的植物存在。
通过附着在动物身上，它们可以将种子传播至很远的地方。
在这里将集中给大家介绍几种钩爪式的植物。

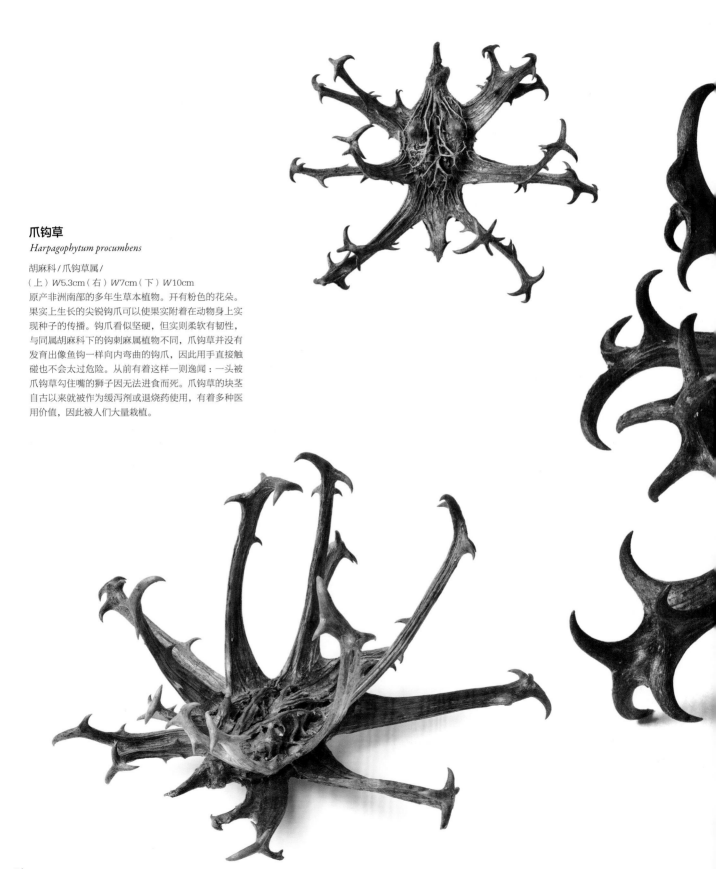

爪钩草
Harpagophytum procumbens

胡麻科 / 爪钩草属 /
（上）W5.3cm（右）W7cm（下）W10cm
原产非洲南部的多年生草本植物。开有粉色的花朵。
果实上生长的尖锐钩爪可以使果实附着在动物身上实
现种子的传播。钩爪看似坚硬，但实则柔软有韧性，
与同属胡麻科下的钩刺麻属植物不同，爪钩草并没有
发育出像鱼钩一样向内弯曲的钩爪，因此用手直接触
碰也不会太过危险。从前有着这样一则逸闻：一头被
爪钩草勾住嘴的狮子因无法进食而死。爪钩草的块茎
自古以来就被作为缓泻剂或退烧药使用，有着多种医
用价值，因此被人们大量栽植。

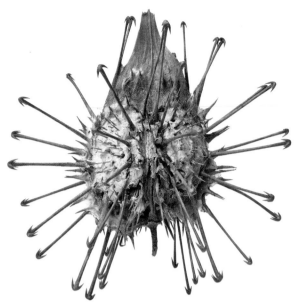

a.黄花钩刺麻（黄花胡麻）
Uncarina grandidieri

b.粉花钩刺麻（粉花胡麻）
Uncarina stellulifera

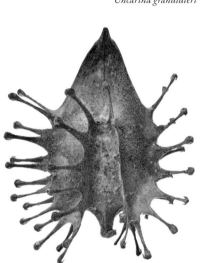

c.盾叶钩刺麻
Uncarina peltata

d.薄果钩刺麻
Uncarina leptocarpa

e.利安德里钩刺麻
Uncarina leandrii

f.钩刺麻
Uncarina decaryi

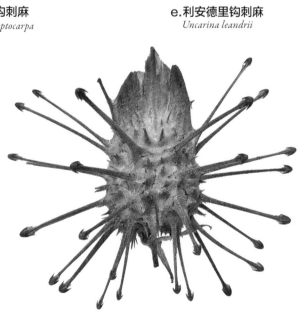

g. 肉茎钩刺麻（黄花瓶干胡麻）
Uncarina roeoesliana

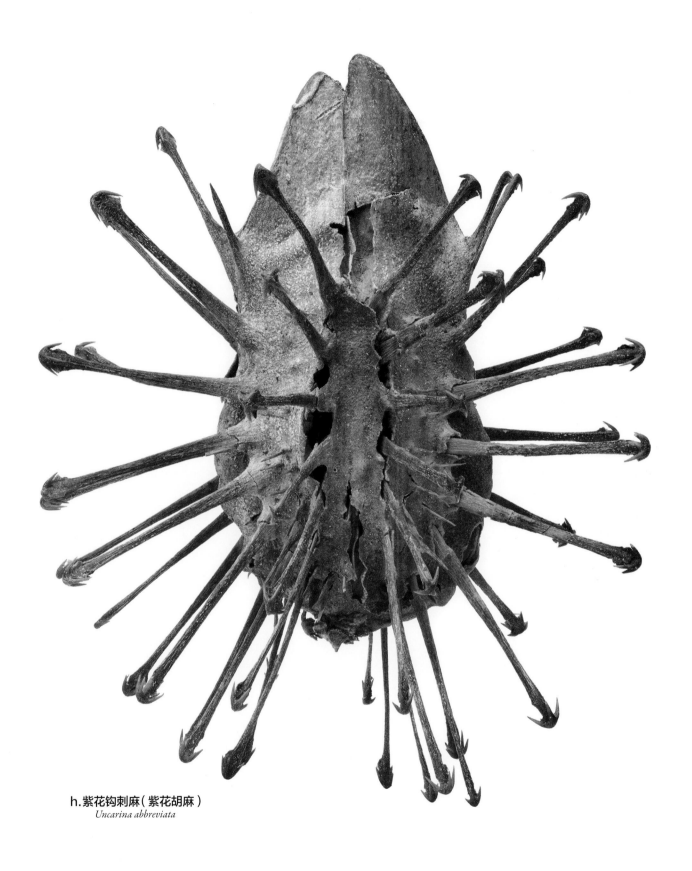

h.紫花钩刺麻（紫花胡麻）
Uncarina abbreviata

钩刺麻属是马达加斯加固有的、多肉质的胡麻科 (Pedaliaceae) 落叶小乔木，目前已知的有11种。其叶片沾水后会变成富有黏性的汁液，在当地，人们用它来洗头，因此也被叫作"香波树"。每种钩刺麻属的植物都有着其固有的媒介昆虫。无论是哪一物种，其果实都向四面八方长有小刺，在刺的前端长有锚状的尖锐钩爪。当这种钩爪附着在动物身上时，就会随之传播至其他地方。钩刺麻属的物种都开有筒状的合瓣花，大多数花朵的顶部开裂为五瓣。/**a.**H5.5cm，花呈黄色，花冠喉部呈暗紫色。/**b.**H5.5cm，花朵呈粉紫色，带有红色的条纹。/**c.**H4.7cm，花朵呈黄色，花冠喉部呈暗紫色。/**d.**H4cm，钩刺麻属下唯一一开白色花朵的物种。/**e.**H4.3cm，花朵与a、c相同。小刺之间相互连结成板状。/**f.**H5.3cm，花朵与a、c相同。/**g.**H5cm，花朵呈黄色，花冠喉部呈白色。/**h.**H8cm，花朵呈粉紫色，花冠喉部呈白色。

a.羊角麻
Ibicella lutea

b.四足小花长角胡麻
Proboscidea parviflora ssp. *parviflora*

均隶属于角胡麻科（Martyniaceae），原产美国西南部至南美的一年生草本植物。/ **a.**W16cm，整个植物表面长有腺毛，富有黏性，因此可以捕捉虫子，但不含消化酶。其果实与小花长角胡麻相似，呈黑色，表面覆有小刺。/**b.**H15cm，与小花长角胡麻相比，果实更大，顶端开裂为四瓣是其特征。/**c.**W15cm，其果实在未成熟时呈现一只钩爪的形状，因此也被称为"Unicorn plants（独角兽植物）"。在果实成熟后，其外果皮会脱落，木质的内果皮分裂成两只钩爪。有说法认为，小花长角胡麻经是由曾经存在于北美大陆的大型草食动物实现传播的。除了食用幼嫩的果实外，美洲原住民还从茎中提取纤维，编制成筐子。

c.小花长角胡麻
Proboscidea parviflora

苍耳

Xanthium strumarium (Xanthium italicum)

菊科 / 苍耳属 /H2.9cm

原产地中海沿岸的一年生草本植物。果实表面密密麻麻长着具钩爪的刺，可以粘在动物的毛发和人的衣服上，从而实现种子的传播。这种钩爪的构造被认为是发明"魔术贴"的灵感来源。

角胡麻

Martynia annua

角胡麻科 / 角胡麻属 /L3cm

原产墨西哥至中美洲的一年生草本植物。花朵呈白色，其顶端长有紫色斑点。成熟后外果皮脱落，从中露出长有两只尖锐钩爪的木质化内果皮。根据其果实的外观和大小，角胡麻又被称为"Cat's claw（猫爪）"。

绵果刺靴麻

Dicerocaryum eriocarpum

胡麻科 / 刺靴麻属 / *W* 2.8cm

原产非洲的多年生草本植物。在地表爬行生长，开有粉紫色花朵。木质化果实上长有两个角。根据其外观，绵果刺靴麻又被称为"Devil's thorn（恶魔之刺）"。在自然界中，可以通过刺入动物蹄中实现传播。由于该植物多生长在路旁，因此也经常可以见到它如同图钉一样刺入人的鞋底或是汽车轮胎当中从而实现传播的例子。

随波漂流

生长在沿河或是沿海地带的植物，
有的果实中富含纤维和木栓质、油脂，
有的则长有气囊从而获得浮力，
因此它们可以随波漂流，旅至远方。

银叶树

Heritiera littoralis

锦葵科 / 银叶树属 / *W*6.3cm
原产琉球列岛至东南亚。是生长在海岸和红树林中的
树木，生长在西表岛上的大树，因其巨大而发达的板
状根而闻名。木质的坚硬果实里面是木栓质的，可漂
浮于海面上漂流。果实中央有一个形状独特的龙骨状
突起，但不清楚其在漂流时是否能起到类似船帆的作用。

榄仁树

Terminalia catappa

使君子科 / 榄仁属 / *W*4.7cm
原产太平洋群岛的半常绿乔木。种子被木栓质外壳包裹，
因此具备浮力。由于它顺着洋流实现传播，因此它的
野生地多位于海边。由于其种子中富含油脂，与杏仁
味道相近，可食用，也被称作"海杏仁"。

海檬树

Cerbera odollam

夹竹桃科 / 海杞果属 / W 7.5cm
原产印度至东南亚的常绿乔木。开有白色的五瓣花。其果实与同属的海杞果一样，
均有毒，但海檬果大多比海杞果大两圈左右，且更加圆润。由于其果实内部富含
纤维质，可浮于水面上，因此多见于东南亚的河流沿岸，有些果实也可漂流至海
滨地带。果实的外果皮呈网状，果实中含有一粒种子。海檬树发芽状态的果实被
作为观叶植物出售，其果实本身也被用作室内装饰品。

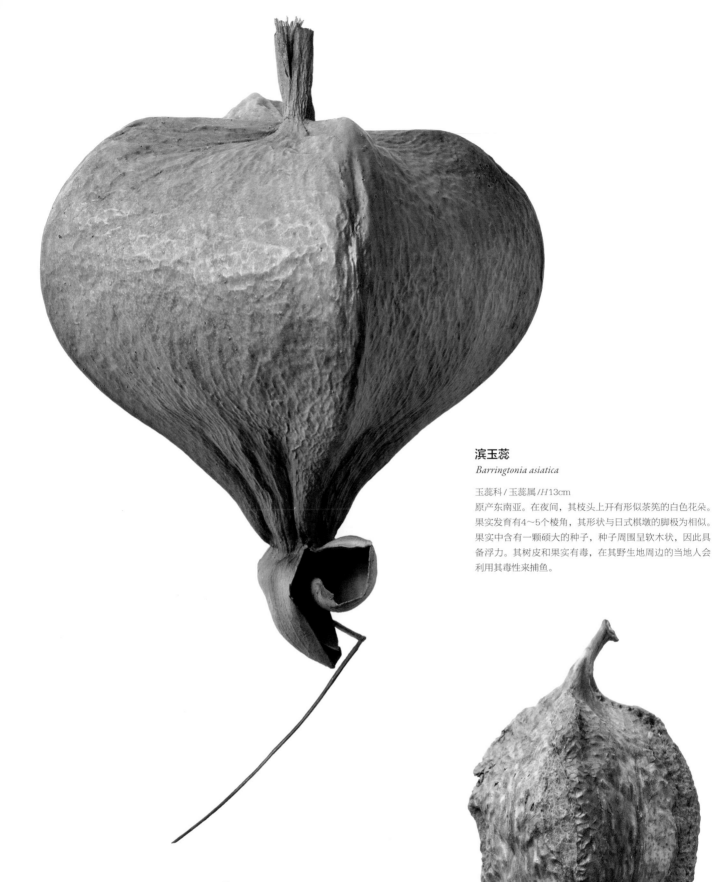

滨玉蕊
Barringtonia asiatica

玉蕊科 / 玉蕊属 / H13cm
原产东南亚。在夜间，其枝头上开有形似茶筅的白色花朵。
果实发育有4～5个棱角，其形状与日式棋墩的脚极为相似。
果实中含有一颗硕大的种子，种子周围呈软木状，因此具
备浮力。其树皮和果实有毒，在其野生地周边的当地人会
利用其毒性来捕鱼。

玉蕊
Barringtonia racemosa

玉蕊科 / 玉蕊属 / H4.6cm
在中国，主要分布在台湾省和广东省。在日本，主要分布在奄
美群岛以南的沿岸地区，有时也会漂流至本州岛沿岸。花序很
长，下垂生长。玉蕊果实就像是滨玉蕊果实的缩小版，它们的
果实构造、漂流原理和毒性等方面都大致相同。

袖苞椰

Manicaria saccifera

棕榈科 / 袖苞椰属 / （右）W 7.5cm

原产南美的单干型棕榈，树高可达10m。主要生长在沿海潮湿地带。叶子长可达8m，在中南美地区常将它们铺于屋顶上。此外，袖苞椰的其他许多部位均可入药。结出的果实表面覆有许多凹凸不平的坚硬细小突起。果实内含有1～3颗高尔夫球大小的种子，根据种子数目的不同，其外表也会有很大的不同。由于其可浮于水面上，因此少数袖苞椰能够漂至北美海岸，被当地人们称为"海椰"。

木果楝

Xylocarpus granatum

楝科 / 木果楝属 / W10.5cm

分布于热带非洲东部至东南亚、澳大利亚的常绿乔木。作为红树林中的一种，多生长于泥沙地中。花朵只有几毫米大小，不甚起眼，但其果实可成长至垒球一般大小，果实成熟后表面出现十字裂缝，外皮逐渐剥落。果实内含有的十多颗种子排列组合成球状，是天然的木质立体拼图。种子表面有着淡褐色或是深褐色的斑纹，木栓质，可以浮于海面，因此在日本时不时也能见到它们的身影。

扇叶露兜树（红刺露兜树）

Pandanus utilis

露兜树科／露兜树属／（串）W18cm

原产马达加斯加的常绿乔木。从树干分生出了许多支柱根，因此，有人根据其形状把扇叶露兜树比喻为章鱼。因其枝干分枝较少，在热带地区也多有种植。扇叶露兜树雌雄异株，雌株结有菠萝状的聚花果。与露兜树和小笠原露兜树相比，扇叶露兜树果实的顶端更加收缩聚拢。

露兜树

Pandanus tectorius (Pandanus odoratissimus)

露兜树科／露兜树属／（串）*W* 16.5cm
原产东南亚至波利尼西亚的常绿灌木。树干多分枝，从主干各处生出很多支柱根。与扇叶露兜树相同，为雌雄异株，雌株结有菠萝状的聚花果，果实成熟后呈鲜艳的橙色，分离脱落。果实内的纤维发达，因此可以浮在水面上。多生长在沿海地区，散开的果实被海浪卷走，随洋流传播至世界各地。

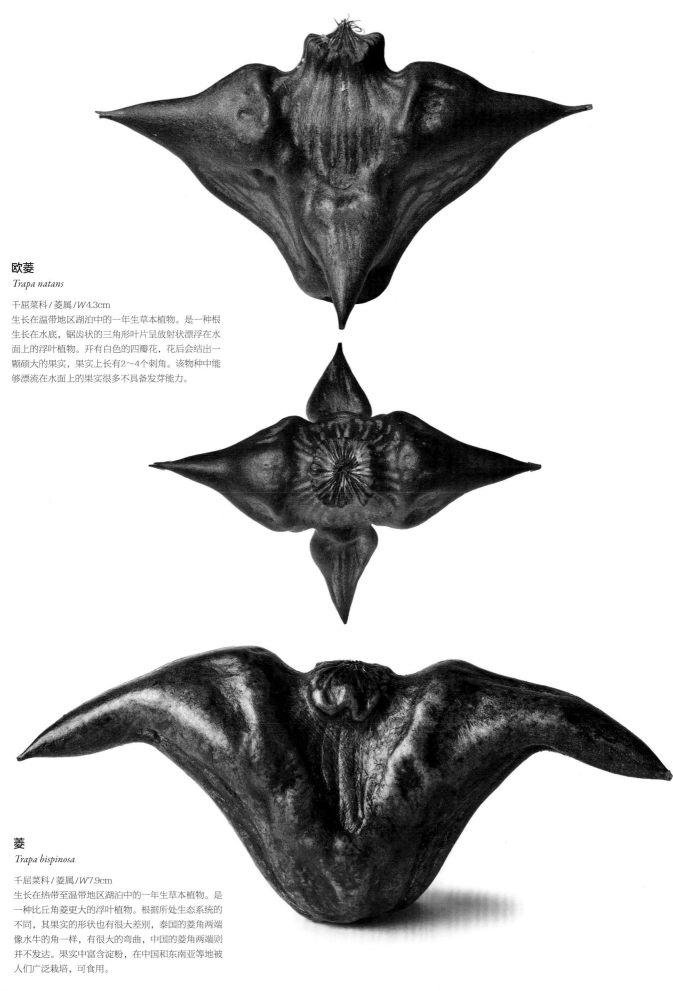

欧菱

Trapa natans

千屈菜科 / 菱属 / W 4.3cm

生长在温带地区湖泊中的一年生草本植物。是一种根
生长在水底，锯齿状的三角形叶片呈放射状漂浮在水
面上的浮叶植物。开有白色的四瓣花，花后会结出一
颗硕大的果实，果实上长有2～4个刺角。该物种中能
够漂流在水面上的果实很多不具备发芽能力。

菱

Trapa bispinosa

千屈菜科 / 菱属 / W 7.9cm

生长在热带至温带地区湖泊中的一年生草本植物。是
一种比丘角菱更大的浮叶植物。根据所处生态系统的
不同，其果实的形状也有很大差别，泰国的菱角两端
像水牛的角一样，有很大的弯曲，中国的菱角两端则
并不发达。果实中富含淀粉，在中国和东南亚等地被
人们广泛栽培，可食用。

水椰

Nypa fruticans

棕榈科 / 水椰属 / *H*11.4cm

原产东南亚的无主干常绿棕榈。长达6m的叶片从地面长出。聚合果与排球一般大小，成熟后会分散开裂。果实中富含纤维质，可以漂浮在水面上，随着河流和洋流传播至各处。因此，水椰多丛生在低洼地区的河流沿岸地带。幼嫩的胚乳可作为甜点食用，叶片可用作甜点包装材料和屋顶材料。

b.翡翠葛属的一种
Strongylodon sp.

c.威尔逊茵藤豆
Dioclea wilsonii

g.马岛长管豆
Gigasiphon humblotianum

均属于豆科（Fabaceae）。/**b.**L2cm，原产中南美。荚果中含有3～5颗豆子。豆子呈球状，种脐围绕其豆身一圈。/**c.**L3cm，原产中南美，豆身被种脐围绕的约三分之二呈圆形，剩下的部分多呈直线状。/**g.**L3.8cm，原产马达加斯加。豆子构造奇特，浅茶灰色的豆身上长有2条褐色的种脐。

h.盘果鱼黄草
Merremia discoidesperma

旋花科/鱼黄草属/L2.5cm
原产中美洲的藤本植物。种子直径可达2cm，是旋花科植物中种子最大的。豆子表面长有十字形的凹槽，其拉丁学名来源于基督教的圣母玛利亚。有记录显示，盘果鱼黄草果实最远的传播距离是从马绍尔群岛至挪威海岸，漂流了24000km（约绕地球半周）。自古以来，盘果鱼黄草的果实就被看作是幸运的护身符。有时其果实也会漂至北美南岸，成为海滩拾荒者们垂涎的目标。

e

g

a.d.e.f.汉堡豆

豆科（Fabaceae）油麻藤属下多种豆子（*Mucuna* spp.），从侧面看的样子与汉堡非常相似，因此得名"汉堡豆"。多数豆子为空心构造，具有浮力，可以顺洋流漂流。/**a.** 牛目油麻藤（*M. urens*）*L*2.8cm，原产中南美。红褐色的豆身上长有许多黑色斑点，根据其模样也被叫作"红色汉堡豆"。/**d.** 大果油麻藤（*M. macrocarpa*）*L*3cm，原产东南亚。在日本冲绳被叫作"三线弦葛"。荚果长度可达30cm。/**e.** 间序油麻藤（*M. interrupta*）（种子）*L*3cm，分布于中国南部至东南亚。如图所示，这种荚果有着波浪状的褶皱，大多覆有螫毛。/**f.** 缩轴油麻藤（*M. sloanei*）*L*2.4cm，原产中美洲。圆润的豆身和较粗的黑带是其特征，该豆子模样与汉堡最为相似。

漂流型龙脑香科果实

龙脑香科下的一些植物由于花萼发育成形似毽羽的翅膀，可以回旋下落于地面而闻名，
但生长在热带东南亚地区低洼的河流沿岸的龙脑香科植物，也有可以利用河水的流动实现传播的。
这些龙脑香科植物的果实都没有翅膀或是翅膀极短，果实部分硕大。
此外，也有不少果实内部储存有油脂类物质。
但是，因为其种子并不具有耐水性强的结构，所以漂流距离并不是很长。

球果青梅

Vatica philastreana

龙脑香科 / 青梅属 / *H*3.8cm
同属下的植物大多结有细长的椭圆状果实，但本种结出的
果实为球形。

稀花青梅

Vatica pauciflora

龙脑香科 / 青梅属 / *H*3.2cm
长有5枚短小的翅膀，犹如花瓣一样绽开。

拉丝克青梅
Vatica rassak

龙脑香科/青梅属/*H*8.5cm
结出的果实在青梅属植物中是最大的。

爪果青梅
Vatica havilandii

龙脑香科/青梅属/（上）*H*2.2cm、（下）
*H*1.5cm
花萼较为发达，呈爪状包裹住果实。已被
列入IUCN红色名录极危（CR）物种。

弹射传播

该类型的植物,在干燥的情况下,其果实组织会发生扭曲,当负荷值达到临界点时,果实被弹出,
是通过弹簧的原理来弹射出种子。
这种传播方式多见于大戟科和豆科。

响盒子

Hura crepitans

大戟科 / 响盒子属 / (果实) *W*7.6cm

原产中南美的乔木。树干上密被尖刺,叶片呈心形。别
名"沙箱树",由其英文名"Sandbox tree"翻译而来。
在同一棵树上雄花序和雌花序分别开放(雌雄异花)。
果实形似南瓜,被分隔成10~15室,每个室中生有一
粒种子。果实成熟后会爆裂,以每秒70m的速度将种子
向着四面八方弹射至数十米开外。因此,也有"炸弹树"
的别称。

橡胶树

Hevea brasiliensis

大戟科／橡胶树属／（果实）W6cm

原产南美的乔木。枝干切开后流出的乳液中富含天然橡胶，在东南亚被作为工业原料广泛种植。果实被分隔成3～5室。讲入旱季，果实干燥后会发出噼里啪啦的响声，猛地炸开，将种子弹射出去。种子呈椭圆状，模样与鹌鹑蛋十分相似。

借助干燥或山火的热量传播

生长在因干燥或雷击而容易自然发生山火的环境下的植物,进化出了令人惊讶的传播方式。
它们可以利用山火实现自身的繁殖。
特别是在澳大利亚,这类植物很多,佛塔树属和荣桦属植物是其代表。

北美短叶松
Pinus banksiana

松科 / 松属 /（果实）*H*3.5cm
原产北美的常绿乔木。种加词来源于英国著名
植物学家约瑟夫·班克斯（Joseph Banks）。其
果实会持续数年挂在树上,既不开裂也不从树
上掉落。但当遭遇山火时,果实会同时开裂,种
子得以传播。

沙原火木梨（狭叶火木梨）

Xylomelum angustifolium

山龙眼科 / 火木梨属 /（果实）*W*6.5cm

澳大利亚西部固有的常绿小乔木。开有白色穗状花序。由
于其果实呈木质、洋梨状，在英文中被称为"Woody pear
（木梨）"。在极度干燥或是遭遇山火的情况下，果实会"啪"
地裂成两瓣，从中冒出2枚带有翅膀的种子。种子回旋下落
于地面。

西方火木梨

Xylomelum occidentale

山龙眼科 / 火木梨属 /*W*8.8cm

为澳大利亚西部固有种。该物种与沙原火木梨相比，
叶片更宽，果实更为硕大。

板球荣桦

Hakea platysperma

山龙眼科 / 荣桦属 /（果实）W5cm

原产澳大利亚西南部的常绿小乔木，自然生长在
干燥地带。该物种所结果实的大小在荣桦属中排
名第一。虽然花朵很不起眼，但因其果实有观赏
价值而被加以利用、栽培。在极度干燥或是遭遇
山火的情况下，果实会开裂、释放出种子。在对
其他植物来说难以生长的环境中，该植物却能很
好地生长。在可以抵抗住高温的硬壳中，含有2枚
周围具翅膀的种子。

绢毛荣桦
Hakea sericea

山龙眼科/荣桦属/（果实）*L*3.4cm
原产澳大利亚东南部的常绿灌木。开有形似刷子的短小白色穗状花序。果实表面长有多个疣状的突起。果实中含有2枚种子，种子的一侧长有翅膀，长翅膀的部分呈鲜艳的红褐色。

双生荣桦
Hakea bucculenta

山龙眼科/荣桦属/（果实）*L*2.5cm
原产澳大利亚西南部和南部沿海地区的常绿灌木。开有形似刷子的红色穗状花序，姿态优美，可作为观赏植物栽培。不喜湿。果实较小，其中含有2枚种子，种子的一侧长有翅膀。

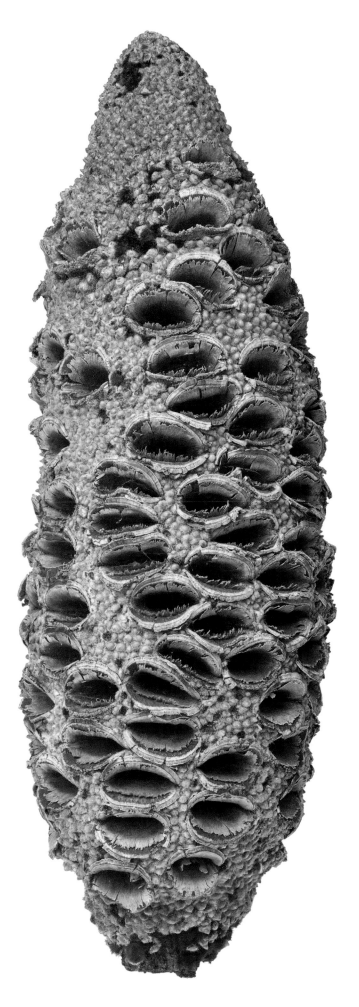

大花佛塔树（邦克希木）

Banksia grandis

山龙眼科 / 佛塔树属 /H23cm
原产澳大利亚西南部。是一种树高可达
10m的灌木，叶片细长，背面呈白色，叶
片边缘有粗锯齿。长有直径约10cm、长度
约40cm的大型圆柱状花序，探出花朵外的
雄蕊为柠檬黄色。结出的果穗大小在佛塔
树属中排名第一。在干燥或遭遇山火的情
况下，果实会开裂，从裂口中会掉落长有
翅膀的种子。澳大利亚原住民将其花朵制
成饮料，将其果穗用作点火燃料，并且将
较大的果穗加工成木工艺品等。

美丽佛塔树（美丽班克木）

Banksia speciosa

山龙眼科／佛塔树属／*H*11cm

原产澳大利亚西南部的常绿小乔木。叶
片较长，边缘呈粗锯齿状。顶端开有短
圆柱状的奶油黄色花序。因其显眼的外表，
美丽佛塔树又被称为"Showy Banksia"，
有"引人注目"之意。

渐尖佛塔树（变细佛塔树）

Banksia attenuata

山龙眼科／佛塔树属／*H*18cm

原产澳大利亚西南部的常绿乔木。长有长
长的柱状花序，开有亮黄色花朵。由于其
花序的样子，也被称为"烛台佛塔树
（Candlestick Banksia）"。

巴克斯佛塔树（巴氏佛塔树）

Banksia baxteri

山龙眼科 / 佛塔树属 / *W*7cm

原产澳大利亚西南部的常绿灌木。长有粗锯齿状叶片。开有柠檬黄色的花序。由于其花序外观形似鸟巢，因此也被叫作"鸟巢佛塔树（Bird's Nest Banksia）"。

变叶佛塔树（班克木）

Banksia integrifolia

山龙眼科 / 佛塔树属 / *H*8.5cm

原产澳大利亚东部的常绿乔木。叶片为单叶构造且背面呈白色，长有奶油黄色的短圆柱状花序。在佛塔树属中，这个种的分布地域最广，对生长环境的要求最低。由于是在东部沿海地区被发现的，因此变叶佛塔树也被称为"海岸佛塔树（Coast Banksia）"。

玫瑰佛塔树

Banksia laricina

山龙眼科 / 佛塔树属 / *H*7cm
原产澳大利亚西南部的常绿灌木。长有嫩黄色的花
序。结出的果实从果穗上层层突出的样子酷似玫瑰，
因此被称为"玫瑰佛塔树（Rose Banksia）"。

螺旋桨佛塔树

Banksia candolleana

山龙眼科 / 佛塔树属 / *W*9cm
原产澳大利亚西部的常绿灌木。长有金黄色的花序。
结果后，果实发育得很大，从果穗中冒出，形状很
像螺旋桨，因而得名"螺旋桨佛塔树（Propeller
Banksia）"

狭长叶佛塔树

Banksia leptophylla

山龙眼科 / 佛塔树属 / *H*7cm
原产澳大利亚西部的常绿灌木。长有黄色或浅棕色
的花序。在球状果穗上结有许多小巧的果实。

海滨佛塔树
Banksia littoralis

山龙眼科 / 佛塔树属 / H20cm
原产澳大利亚西南部的常绿乔木。长有粗
长的圆柱状花序，开有黄色的花朵。因为
多生长在湿润的地方，所以又被称为"沼
泽佛塔树（Swamp Banksia）"。

孟席斯佛塔树
Banksia menziesii

山龙眼科 / 佛塔树属 / H12cm
原产澳大利亚西部的常绿小乔木。在佛塔树属中，属于
花序色彩变化最为丰富的，根据花色的不同，结出的种
子颜色也有所不同。果穗的表面长有美丽的网状纹理，
果实成熟后会很快掉落于地面。由于其极易燃烧，因此
也被称为"柴火佛塔树（Firewood Banksia）"。

佛塔树

Banksia serrata

山龙眼科 / 佛塔树属 /
（左）*H*20cm（右）*H*19.5cm

原产澳大利亚东南部的常绿乔木。叶片边缘长有
细小的锯齿。圆柱状的花序上开有奶油黄色的花朵。
佛塔树属的学名 *Banksia* 来源于约瑟夫·班克斯
（Joseph Banks），他于1770年最早发现了佛塔树
属下的四个物种，而佛塔树正是其中之一。

果实为什么会形成如此奇特的形状？

趋同进化与适应传播

正如第 2 章介绍的那样，果实为了实现种子的传播会采用各种方法，而这些方法的巧妙程度令人惊叹。植物在进化的过程中是怎样获得这些传播方式的呢？

让我们以风力传播方式为例进行详细分析。木蝴蝶、火焰树等紫葳科植物的种子，无论大小，其结构都是种子位于中央、种子周围长有糯米纸似的薄膜状翅膀。可以认为这是由于紫葳科共同的祖先获得了这样的性状，并在各地呈现出多样化的趋势。然而，如果纵观世界各地植物的果实，就会发现，心叶大百合等百合科的许多物种、翅葫芦等葫芦科的部分物种、马兜铃科的部分物种、黄蝉等夹竹桃科的部分物种的种子，也有着类似的构造。此外，也有一些植物的果实，果皮整体或部分变为翅膀状，在器官水平上形成类似的结构，如使君子科的马尼拉榄仁、莲叶桐科的托雷利青藤、豆科的花梨和大果紫檀等。旋花科的盾苞藤则更为奇特，花后，花柄部分显著扩大，最终成为翼状。此外，兰科的斑叶兰的种子小得简直像灰尘一样，被称作世界上最小的种子，然而这么小的种子，如果用显微镜放大来看，依旧能够观察出它们有着类似的构造。

如果将它们与经过 DNA 分析以及系统分析后得出的 APG 分类系统中的分子系统树相对照，就会发现，从系统较为古老的马兜铃科、莲叶桐科、薯蓣科、百合科，到新的豆科、紫葳科，它们为了实现飞行，反反复复地经历了无数次的进化。像这种亲缘关系较远的生物却具有相似的外观和器官的现象，被称为"趋同进化"。

下面再用大家更为熟悉的动物来举一下例：海洋中的软骨鱼类鲨鱼和哺乳动物海豚，有着相似的流线型身体；猬科的刺猬和针鼹科的澳洲针鼹，背部的毛均刺化；犰狳科的犰狳和穿山甲科的中华穿山甲等，

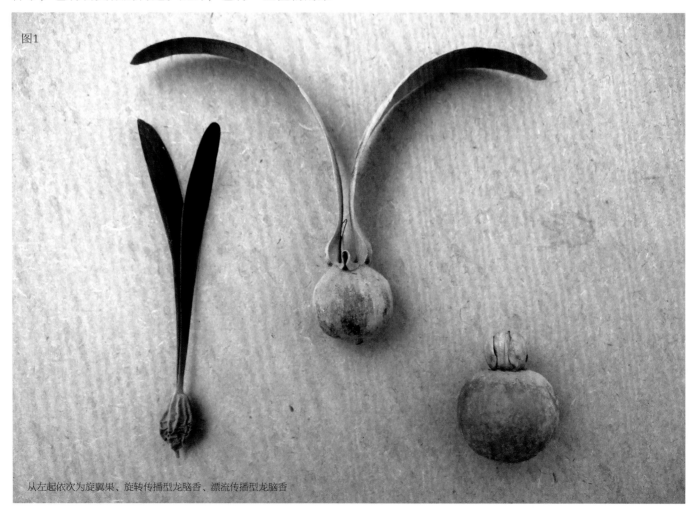

图1

从左起依次为旋翼果、旋转传播型龙脑香、漂流传播型龙脑香

均全身覆盖铠甲，当受到外敌袭击时会缩成一团。将它们作为趋同进化的例子，不知道大家是否会更容易理解呢？

回过头来，我们再来看植物的传播方式，就可以看出它们也经历了各种各样的趋同进化。

像无患子科槭属的各种槭树那样，种子偏向一侧成为重心、单侧长有发达翅膀的还有很多，比如松科的许多植物的种子、山龙眼科的具喙荣桦的种子、楝科的大叶桃花心木的种子、葫芦科的厚叶棒锤瓜的种子等，其他的还有豆科紫矿属和密花豆属植物的荚果、远志科的蝉翼藤的荚果等，种类非常丰富。

以键羽状的翅膀为特征的龙脑香科植物和莲叶桐科的旋翼果的果实均长有极具特色的竖状翅膀，它们的果实外观简直是一模一样（上页图1左一、左二）。漆树科的缅甸胶漆树、马鞭草科的蓝花藤、唇形科的沃尔夫藤和楔翅藤、钩枝藤科的钩枝藤属、旋花科的大花三翅藤、蓼科的蓼树、胡桃科的黄杞属等植物都具有像《哆啦A梦》中的竹蜻蜓的果实结构，在植物分类系统从旧到新的不断更替中，许多科都经历了无数次的进化后才演变成如今的模样。

接下来让我们换个角度，一起来看一看一些特殊科的进化过程吧。

像第1章所涉及的松科植物、壳斗科植物、棕榈科植物等，它们在分类学上互为近缘植物，有着相同的繁殖方法，这是很容易理解的。然而，还有的植物虽然在分类学上互为近缘种，但根据种的不同，它们的繁殖方法却有很大的差异。例如因具有很多结旋转传播型的果实的物种而被人们所熟知的龙脑香科中，也存在着以青梅属为代表的结无翅漂流型果实的物种（左页图1最右）。

锦葵科的爪哇银叶树结出的果实为旋转传播型，果实上长有一片形似槭属果实的翅膀；而同科的银叶树结出的果实则为漂流传播型，其果实硕大、翅膀较短，形似奥特曼的脸。这两种植物的果实无论是在形态上还是在传播方式上都南辕北辙，但却同属于银叶树属的物种（图2）。

此外，我们前面提到过的缅甸胶漆树为旋转传播型的物种，而与它同属于胶漆树属的绒毛胶漆树结出的果实中富含木栓质，因此被分在了漂流传播型植物下。

图2

银叶树（上）和爪哇银叶树（下）

以上这些植物都可见于东南亚的热带雨林当中。像这样在同一地域中的物种向着不同生态位发生物种分化的现象就叫作适应传播。在这里举一个例子，位于山地或是平原的气候干燥的森林中的一些植物，向着没有竞争对手的河流沿岸或是低地红树林等处的土地勇敢进军、不断挑战的结果就是它们掌握了飞行的能力，演变出可凭借飞行实现传播的传播方式。此外，从分类系统上来看并不在同一科的植物，例如龙脑香科的青梅属、锦葵科的银叶树、漆树科的绒毛胶漆树等，分别向漂流传播型植物进化，它们的果实都呈现具备浮力的相似形态，这就叫作趋同进化。

旋花科等植物更为变幻莫测，除了前文提到过的可以在空中滑翔的盾苞藤、旋转下落的大花三翅藤等，还有通过在种子上覆着长毛以实现空中滑翔的番薯属的许多物种，长有红色的果皮和甜美的果肉来吸引鸟类啄食以实现传播的银背藤属等，它们都通过各种方式来繁衍后代。

植物种子一旦发芽生根，就无法像动物那样自由地移动。但就算如此，植物为了能够使自己的后代繁荣昌盛、为了将种子送往新天地，在漫长的历史中不厌其烦地反复进行各种挑战，这一点从果实的形状和生存状态中就可以看出。

形态

本书作为一本视觉图鉴，在介绍果实时，比起网罗性和稀有价值，更注重的是外观的趣味性。第 1 章中介绍了在分类学上相似的植物，第 2 章从繁殖方式的角度对植物做了归纳，这两章都是围绕着"为什么能够形成这样的形状"来介绍的，相信读者朋友们都了解到了不少令人啧啧称奇的果实造型。

在第 3 章中，我们选出了不少形状奇特的果实，并进行了分类。这些果实就算在以注重外观趣味性的本书当中，也因形状的独特性而令人印象深刻。从鳞片和刺等表面纹理的特征，到球形和纺锤形等整体来看的立体构造，再到形似花和器皿等的造型，主题是多种多样的。

实际上，每一种果实都充满个性，以至于难以分组，而且每一种果实都让人难以割舍，因此，如何构建本章的结构着实令我们伤脑筋。正如你所看到的，虽说都是"长有棘刺"，但刺的形状实则多种多样：有的长成像钉子一样的尖锐的三角锥形；有的呈密密麻麻的细针状；甚至还有像汗毛一样细小的刺。还比如，虽说都是"像花一样绽开"，但有的是像刺梧桐或八角的果实这样从中心处完全绽开的，有的是像翻白叶树等的果实这样，呈花蕾微绽时的样子。特别是每个人的判断都是较为主观的，因此，编辑团队中也有产生分歧的时候，也有因为拍摄方法的不同而导致印象有所偏差的情况出现。

即便如此，但若是将所有果实的照片不经整理、毫无秩序地摆放在书中的话，就只能给人留下模糊的印象；若是将所有果实按照分类学依次整理的话，又失去了作为视觉图鉴的乐趣。因此，我们决定不按照其他植物图鉴的做法，重新构思出新的章节构成，虽然这个做法有些冒险，但这也使我们再一次深刻感受到了果实多样性的魅力。如果读者朋友们能够从我们此次尝试中体会到乐趣，那么我们将不胜荣幸。

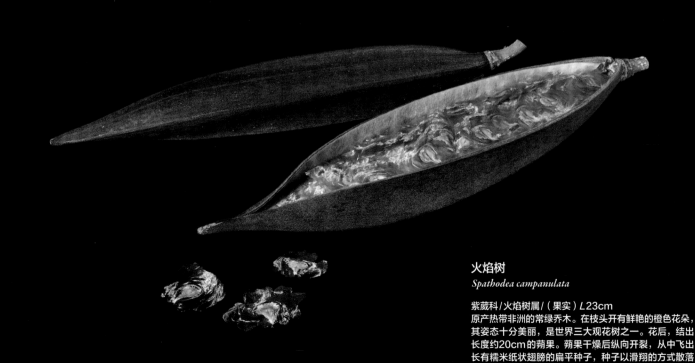

火焰树
Spathodea campanulata

紫葳科 / 火焰树属 /（果实）*L*23cm
原产热带非洲的常绿乔木。在枝头开有鲜艳的橙色花朵，其姿态十分美丽，是世界三大观花树之一。花后，结出长度约20cm的蒴果。蒴果干燥后纵向开裂，从中飞出长有糯米纸状翅膀的扁平种子，种子以滑翔的方式散落在四面八方。翅膀透明度很高，可以透过翅膀看到下方结构。

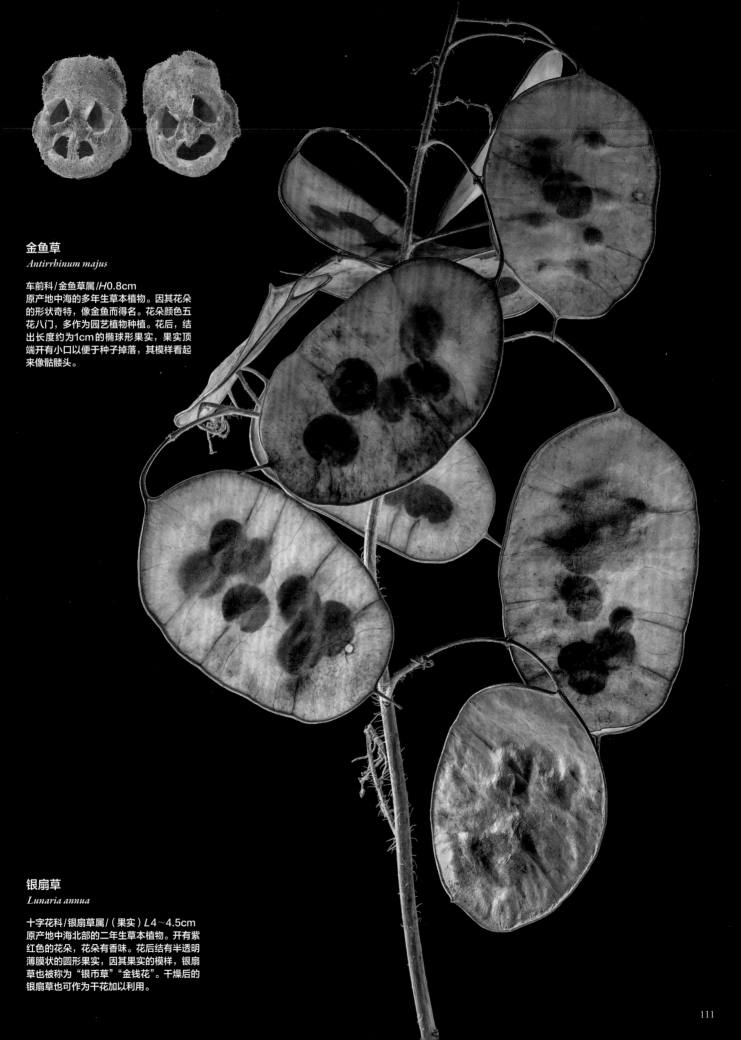

金鱼草

Antirrhinum majus

车前科/金鱼草属/H0.8cm
原产地中海的多年生草本植物。因其花朵
的形状奇特，像金鱼而得名。花朵颜色五
花八门，多作为园艺植物种植。花后，结
出长度约为1cm的椭球形果实，果实顶
端开有小口以便于种子掉落，其模样看起
来像骷髅头。

银扇草

Lunaria annua

十字花科/银扇草属/（果实）L4～4.5cm
原产地中海北部的二年生草本植物。开有紫
红色的花朵，花朵有香味。花后结有半透明
薄膜状的圆形果实，因其果实的模样，银扇
草也被称为"银币草""金钱花"。干燥后的
银扇草也可作为干花加以利用。

被有鳞片

棕榈科（Arecaceae）某些植物的果实，被有鳞状果皮，乍一看，会让人误以为是爬行动物的皮肤。
它们究竟为什么会长成这样的图案和构造呢？现在仍是一个未解之谜。

a. 柳条省藤
Calamus viminalis

b. 省藤属的一种（Ａ）
Calamus sp.

a.（果实）L2.2cm、**b.**（果实）L0.9cm、**c.**（果实）L1.8cm，省藤是原产东南亚的棕榈科植物，是17个属约600个物种的总称。它们大多呈藤蔓状，茎秆和叶鞘部分长有许多尖锐的刺。叶轴顶端延伸为具爪状刺的纤鞭，可以挂在其他植物上，攀往高处生长。在马来西亚和印度尼西亚等地，当地人砍下那些长长的省藤，去掉上面的小刺后，将之撕裂成细条，用于制作十分有名的省藤家具和手工艺品等。果实表面呈细小鳞状，在菲律宾和泰国、马来西亚等地，果实也被用来食用。

c. 省藤属的一种（B）

Calamus sp.

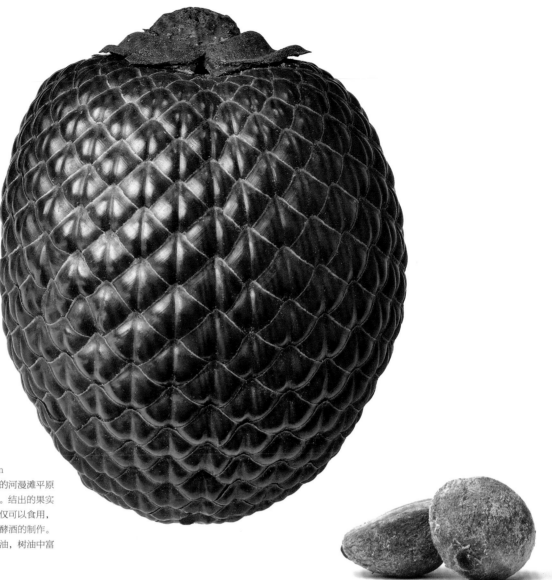

鳞果棕（毛瑞榈）

Mauritia flexuosa

棕榈科 / 湿地棕属 /（果实）H5.5cm
原产南美亚马孙流域。生长在河流的河漫滩平原
等潮湿的地方，树干高度可达35m。结出的果实
上覆有红褐色的鳞状果皮。果实不仅可以食用，
也可用于果汁、果酱、冰淇凌和发酵酒的制作。
从鳞果棕中可采出一种红褐色的树油，树油中富
含不饱和脂肪酸和胡萝卜素。

西谷椰

Metroxylon sagu

棕榈科 / 西谷椰属 /W4cm
原产新几内亚岛周边地区。是一种发芽后经过十几
年的时间才能开花，一旦结果后就会枯萎的一次结
实性棕榈类植物，生长在河流的河漫滩平原。树干
和叶柄上有刺。西谷椰像香蕉一样从根部抽芽繁殖。
树干中储有淀粉，将之精细加工后得到的西米淀粉
可食用。

瓦理蛇皮果（长序蛇皮果）
Salacca wallichiana

棕榈科/蛇皮果属/（整簇果实）*H*15cm
原产印度尼西亚。树干短小，树干和叶柄上有刺。
果实呈簇状，覆有红褐色的鳞状果皮，果皮表面
有刺。果实内含有3枚种子。果肉酸甜可口，呈
橘红色。在东南亚被作为一种水果而广泛种植。

蛇皮果
Salacca zalacca

棕榈科/蛇皮果属/*H*6.8cm
原产马来西亚和印度尼西亚。与瓦理蛇皮果一样，
树干和叶柄上有刺，但果皮表面呈光滑的黑褐色
鳞片状，也被称为"蛇果"。果实中含有3枚种子。
果肉偏白色，味道酸甜，往往伴随些许涩味。也
被作为水果栽培。

粉酒椰
Raphia farinifera

棕榈科 / 酒椰属 / H7cm
原产非洲东部。果实与其他棕榈科植物的果实相比，个头较小，呈顶端较尖的卵形。

南美酒椰（亚马孙酒椰）
Raphia taedigera

棕榈科 / 酒椰属 / （果实）H6cm
唯一原产中南美的酒椰属物种。果实呈圆柱形，其大小比粉酒椰要小，颜色偏黄。其果实也被称为"Ukishi"。

酒椰属植物所结的果实都呈大的鳞状，有如同塑料一样的光泽和硬度，多被制作成装饰品。树上长有宽大的羽状复叶。将叶轴通过蒸煮搓揉使之变软，从中提取的纤维物质被称为"酒椰纤维（拉菲草）"，在当地多将其用于绳索或网的制作。

由于酒椰纤维越是使用就越有光泽，因此它也被用作编织帽子和背包等的材料，备受人们喜爱。

酒椰
Raphia vinifera

棕榈科 / 酒椰属 / (果实) 7710.5cm
原产非洲西部。果实细长，顶部较尖。由于
果实外面的鳞片酷似鳄鱼的皮肤，也被称为
"鳄鱼果"。

长有棘刺

为了防止外敌吞食，
自然界中存在很多表面长有棘刺状构造的果实，这种棘刺向四面八方生长。
根据物种不同，其果实上棘刺的大小、粗细、硬度也各不相同。
在这里，为大家介绍长有各式各样棘刺状构造的果实。

苏门答腊方木麻黄

Gymnostoma sumatranum

木麻黄科 / 方木麻黄属 / W4.2cm
分布在东南亚至巴布亚新几内亚的常绿树。叶片纤细，呈竹
节状，乍一看像针叶树。在高温等不利于针叶树生长的环境
下，可用苏门答腊方木麻黄代替针叶树来种植。雌雄异花，
雄花序呈穗状在枝头开放。果实上布满棘刺状结构，果实成
熟后所有棘刺状结构均会开裂，从中洒出长有翅膀的种子。

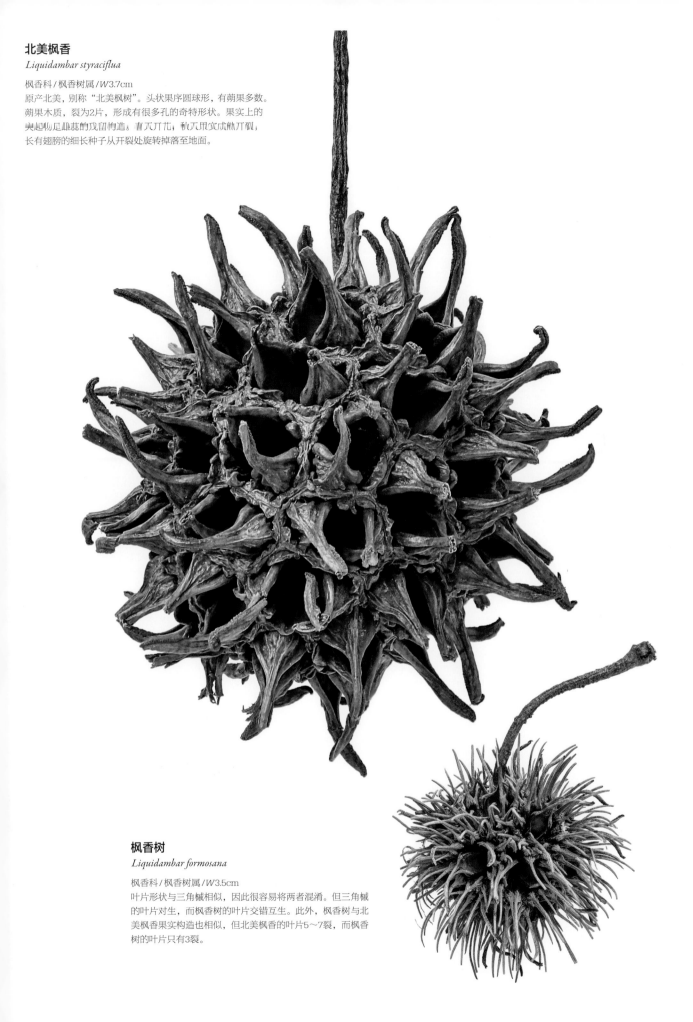

北美枫香
Liquidambar styraciflua

枫香科 / 枫香树属 / *W*3.7cm
原产北美，别称"北美枫树"。头状果序圆球形，有蒴果多数。
蒴果木质，裂为2片，形成有很多孔的奇特形状。果实上的
突起物是雌蕊的残留构造。春天开花，秋天果实成熟开裂，
长有翅膀的细长种子从开裂处旋转掉落至地面。

枫香树
Liquidambar formosana

枫香科 / 枫香树属 / *W*3.5cm
叶片形状与三角槭相似，因此很容易将两者混淆。但三角槭
的叶片对生，而枫香树的叶片交错互生。此外，枫香树与北
美枫香果实构造也相似，但北美枫香的叶片5～7裂，而枫香
树的叶片只有3裂。

蓬托莫海胆果

Apeiba petoumo

锦葵科 / 海胆果属 / W7.5cm

原产中美洲的乔木，树高可达30m。开有黄色的五瓣花，结出的果实上密密麻麻地覆盖着粗刺。从树皮中可以提取出纤维，其燃烧后残余的草木灰可作为预防蛀牙的牙粉。

海胆果

Apeiba tibourbou

锦葵科 / 海胆果属 / W7.4cm

当该植物生长在哥斯达黎加和巴西东北部内陆地区时，是一种被称为"卡钦加"的沙漠植物，当其生长在森林热带草原地带时，则是一种名为"塞拉多"的灌木。开有黄色五瓣花。从树皮中可提取出的纤维可以用作造纸的纸浆材料。从种子中可以提取出一种油分，这种油分对预防脱发很有效果。

土耳其榛

Corylus colurna

桦木科 / 榛属 / W 7.5cm

原产东南欧至西南亚的榛属物种。种子长1～2cm，酷似欧榛的种子，大的果苞裂片硬化呈针刺状，3～8个果实聚集成一团。果苞表面上覆有腺毛，在未成熟时腺毛很黏。

紫蝉花
Allamanda blanchetii

夹竹桃科 / 紫蝉属 / （果实）L5.5cm
原产巴西的藤本植物。开有胭脂红色的花朵，花朵直径近
10cm。在亚热带至热带地区常作为观赏植物种植。紫蝉花
很少结果，其果实有两瓣果皮，果皮上长有形似长刺的毛。
果实成熟后，果皮会裂开，从中洒落长有圆盘状翅的种子。

曼陀罗
Datura stramonium

茄科 / 曼陀罗属 / （果实）L4cm
遍布世界温暖地带的大型草本植物，株高可达1m。是一种整
株都含有生物碱的毒草，因此要格外注意。直径8cm、长
20cm的白色号角状花朵向上开放。花后，结出表面覆有尖
刺的果实，果实成熟后会裂成四瓣，黑色的种子从中掉落。
洋金花与曼陀罗十分相似，但洋金花的种子为褐色，可以根
据这点来分辨两种植物。

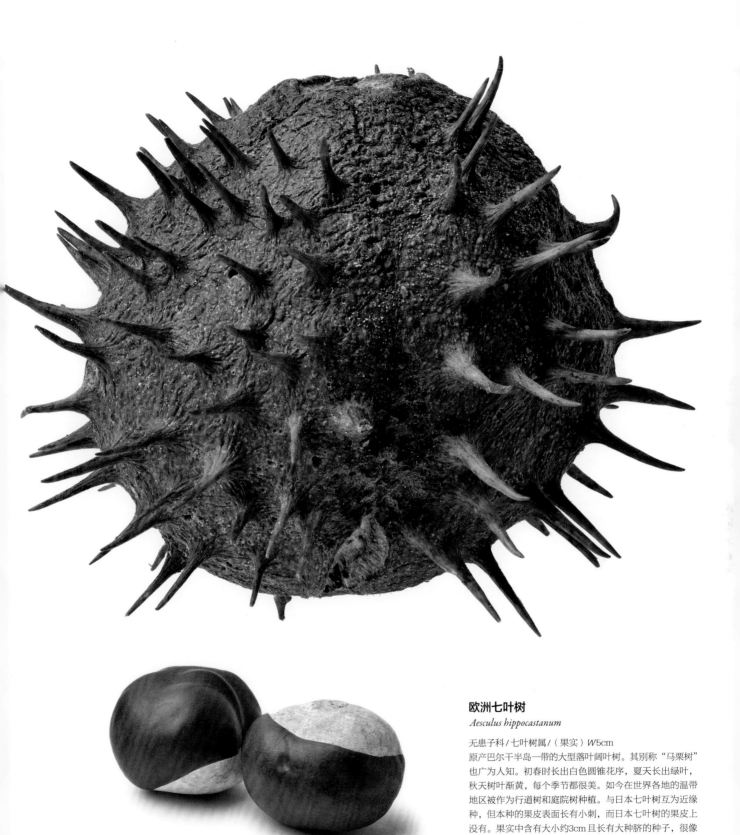

欧洲七叶树
Aesculus hippocastanum

无患子科／七叶树属／（果实）W5cm

原产巴尔干半岛一带的大型落叶阔叶树。其别称"马栗树"也广为人知。初春时长出白色圆锥花序，夏天长出绿叶，秋天树叶渐黄，每个季节都很美。如今在世界各地的温带地区被作为行道树和庭院树种植。与日本七叶树互为近缘种，但本种的果皮表面长有小刺，而日本七叶树的果皮上没有。果实中含有大小约3cm且长有大种脐的种子，很像板栗，但由于其有很强的涩味和一定的毒性，因此一般不能食用。

红木

Bixa orellana

红木科 / 红木属 / (果实) L5cm

原产中美洲的常绿灌木。开有淡粉色的五瓣花，花后结有毛茸茸的红色果实。果实成熟后开裂成两瓣，从中露出覆有鲜红假种皮的种子。从这种假种皮中可以提取出一种叫作"胭脂树橙"的色素。自古以来，亚马孙流域的原住民就将这种色素用于化妆或人体彩绘。如今，红木在世界各地的热带地区广为栽培，可用于食用色素和口红的制作。

鹰叶刺（刺果苏木）

Caesalpinia bonduc

豆科 / 云实属 /（荚果）L7cm

广泛分布在热带地区的一种有刺藤本植物。茎和叶轴上长有钩爪状尖刺。开有穗状黄色花朵，花后结出覆有很多尖刺的荚果，荚果中含有2～3颗灰白色的豆子。这种豆子可以漂浮在海水中，顺着洋流漂至世界各地的海岸，成为海滩拾荒者们垂涎的目标。

扭曲

在此我们收集了一些具有各种各样的扭曲方式的果实。
这些果实的外观都很相似,但传播方式不同。
有些果实是根据干湿度的不同调整扭曲幅度,使种子从缝隙中洒出;
有些果实是像弹簧一样,用尽全力将种子弹射出去。

火索麻

Helicteres isora

锦葵科 / 山芝麻属 / L4cm
原产亚洲热带地区的高约2m的灌木。花朵初绽时呈青绿色,在
次日变为橙色。蒴果螺旋状扭曲,表面有着许多"沟壑"。在雨
季时,蒴果被雨水等淋湿后,扭曲部分会松弛伸直,从中可以掉
落出种子。在印度和泰国等地,它的蒴果被用来止血和治疗腹泻。

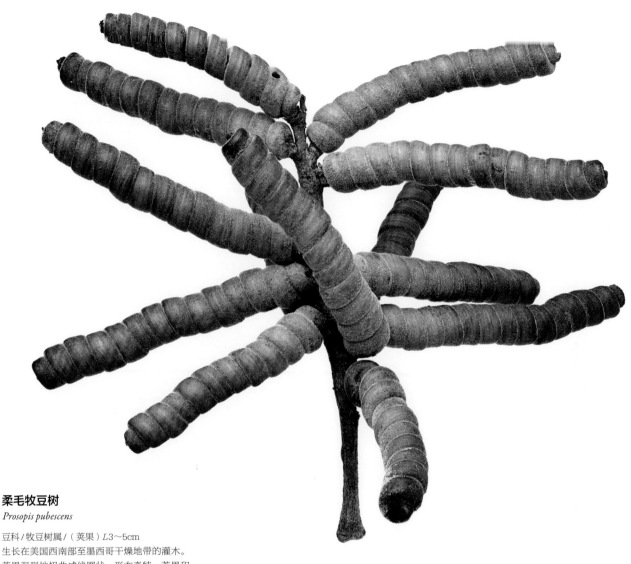

柔毛牧豆树

Prosopis pubescens

豆科/牧豆树属/（荚果）*L*3～5cm

生长在美国西南部至墨西哥干燥地带的灌木。荚果强烈地扭曲成线圈状，形态奇特。荚果和豆子中富含矿物质和蛋白质，因此，一直被美洲原住民用来食用。

蜗牛苜蓿

Medicago scutellata

豆科/苜蓿属/*L*1cm

原产地中海沿岸的草本植物。开有黄色蝶形花，花后，结有卷成线圈状的荚果，长约1cm。其荚果形状与蜗牛相似，因而得名。

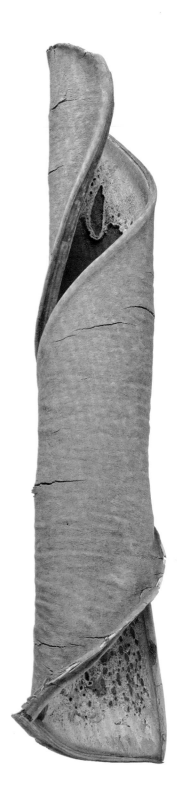

羊蹄甲

Bauhinia purpurea

豆科 / 羊蹄甲属 / *H* 9.7cm

原产中国南部至东南亚的树木。其花朵非常美丽，因此在热带至亚热带地区受到广泛种植。在荚果成熟前的成长过程中，其内部发生扭曲，当荚果成熟干燥后就会爆裂，将豆子弹射至四面八方。弹射出豆子后的荚果会变成螺旋状扭曲的状态。

羊蹄甲属的一种

Bauhinia sp.

豆科 / 羊蹄甲属 / *H* 17cm

荚果硕大，表面覆有天鹅绒状的绒毛，能够看出荚果中曾收纳过十多个豆子的痕迹。羊蹄甲属的植物种类繁多，因此光靠荚果很难确定生物类别。

斯图崖豆木

Millettia stuhlmannii

豆科 / 崖豆藤属 / *H* 24.5cm

原产热带非洲西南部的树木。由于其木材纹理美丽，呈深褐色且材质较硬，作为制作家具等的木材而备受珍视。除此之外，其树根和树皮可入药。

木荚豆
Xylia xylocarpa

豆科 / 木荚豆属 / H 13cm
原产东南亚的落叶乔木。可采伐出材质坚硬
的红褐色木材,这种木材多被用于制作高级
家具。翘曲绽开的荚果形状让人联想到象耳,
因此也被称作"象耳树"。

油豆
Pentaclethra macrophylla

豆科 / 五钉豆属 / W 13.5cm
原产非洲的常绿乔木,树高可达40m。结有
长40～50cm的硕大荚果。其豆子也很大,
直径5～7cm,因其富含油分,所以多被加
工成肥皂和蜡烛等。除此之外,由于油豆中
含有生物碱,可用于捕鱼或用作箭毒,也可
入药。

像花一样绽开

有些果实虽发育出了容纳种子的室状构造，
但每个室却像花瓣一样间隔分明，
这种果实为了更好地传播种子而绽开的模样，
简直就像花朵或花蕾一样。
我们在这里收集了很多这样的果实。

八角

Illicium verum

五味子科 / 八角属 / W2.5cm
原产中国的常绿乔木。果实被分成8室，
每个室中都有一颗种子，形状像绽开
的花朵。将其干燥后可作为一种香辛料，
在中华料理中被叫作"八角""大料"，
在印度料理中被叫作"Star Anise"，
十分有名。日本莽草的果实与八角的
形状十分相似，但与之不同的是，日
本莽草的果实有剧毒。

星油藤

Plukenetia volubilis

大戟科 / 星油藤属 /（果实）W5cm
原产中南美的藤本植物，雌雄异花。
果实被分成4～7室。其种子被称为"印
加果"，富含蛋白质和油脂，但无法生食，
多炒熟后食用。

刺苹婆（刺梧桐）
Sterculia urens

锦葵科 / 苹婆属 / W10cm
原产印度的落叶灌木（树高1～3m），长有3～5裂的
掌状叶。花朵小且不显眼，果实未成熟前呈鲜红色。
成熟后果实开裂，在边缘处结有数粒黑色种子。割开
其树干后提取出的刺梧桐胶（karaya）为多糖类物质，
吸水后黏着性较强，用途广泛，在食品中被作为冰淇
淋等的增稠剂和稳定剂，在医药品中则被作为假牙稳
定剂等。

翻白叶树（翅子树）

Pterospermum heterophyllum (Pterospermum acerifolium)

锦葵科 / 翅子树属 / *H*10cm
原产印度至东南亚的常绿乔木，树高可达30m。果实未成熟时，表面覆有红棕色绒毛。果实中收纳着长有翅膀的种子，当果皮像花朵一样绽开后，果实中的种子会从中飞出。

梳状翅子树

Pterospermum pecteniforme

锦葵科 / 翅子树属 / *H*6.5cm
原产泰国和马来半岛的常绿灌木。开有直径约为5cm的白色花朵。果皮边缘有着明显的波浪起伏。果实中收纳着数粒种子，种子单侧长有翅膀。

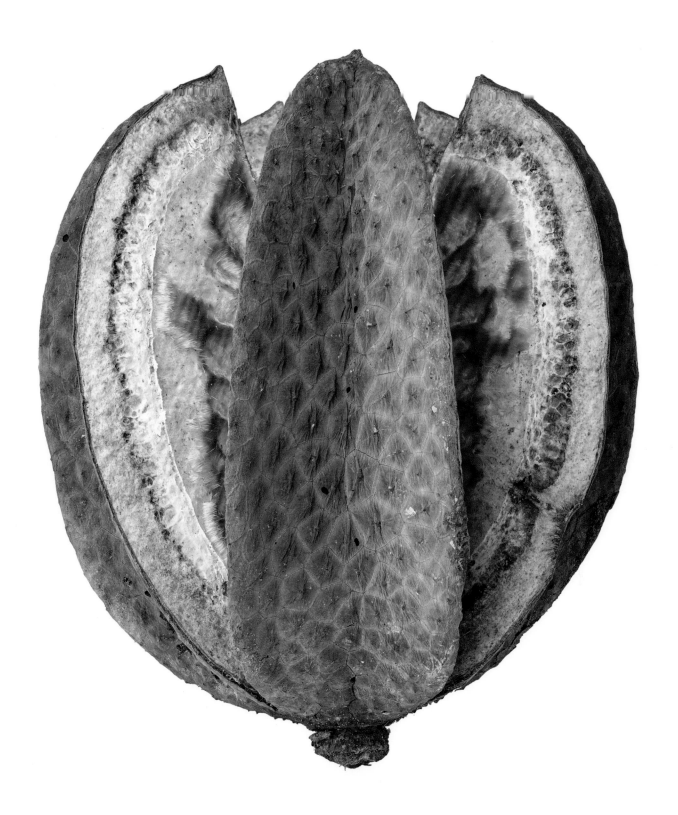

毛榴梿

Neesia altissima

锦葵科／毛榴梿属／*H*18cm

原产东南亚的常绿乔木，树高可达40m。在直径约为2cm的圆盘形子房上开有直径约1cm的淡黄色花朵，形成类似UFO的独特形状。受粉后果实迅速成长并木质化，其表面有鳄鱼皮肤般的独特花纹。果实成熟后开裂成五瓣，果实中含有数枚被金色刺状毛保护着的黑色扁平种子。

苘麻

Abutilon theophrasti

锦葵科 / 苘麻属 / W2.2cm
原产印度的一种高度可达2m的草本植物。从茎中提取
出的纤维可作为粗布和粗绳的制作材料。如今，由于尼
龙制品的出现，使用苘麻的机会越来越少。现在苘麻在
热带地区等地被视为恶性杂草。

吊篮马兜铃

Aristolochia pothieri

马兜铃科 / 马兜铃属 /（果实）L4cm
原产东南亚。是一种长达数米的藤本植物。从叶片基部开出许
多形状奇特的花朵。是金裳凤蝶和红珠凤蝶的食用草。其果实
形似吊篮，周围长有翅膀的种子从开口处掉落。

昂天莲

Abroma augustum

锦葵科 / 昂天莲属 / W8cm

原产中国南部至东南亚、密克罗尼西亚的草本植物，其高度可达4m。可从茎中提取出强韧而美丽的纤维，用于制作绳索和网等。开有呈胭脂色的五瓣花，花朵朝下开放，但果实却与之相反，向上生长，果实绽开后，种子像是被盛放在盘子里一样。

大花木豆蔻

Qualea grandiflora

萼囊花科 / 木豆蔻属 / L 7.9cm

原产南美的落叶树。开有长着距（花朵基部向后突出的部分）的黄色花朵。果实干燥后开裂成三瓣，具翅的种子从果实中散落。

苹果山茶

Camellia japonica var. *macrocarpa*

山茶科 / 山茶属 / （果实）W 8.9cm

日本屋久岛特有的常绿树。山茶通常结有直径约4cm的果实，但本物种能结出直径近8cm的大型果实。果实中的种子大小与正常的山茶无异，果皮则要更厚一些。

心叶大百合
Cardiocrinum cordatum

百合科/大百合属/（果实）H4.5～5cm

原产东北亚。在日本常可见于杉树林的地面层等地。
在距地面20cm左右的高度呈放射状伸展出许多大
型叶片，十分引人注目。花朵即将绽开时，会生长
到近1m的高度，在顶端开出数朵花朵。与其他很
多百合不同，它的花不会完全绽开。花后会向上结
出大小约4cm的果实，果实中含有许多周围长有翅
膀的种子。

旅人蕉
Ravenala madagascariensis

鹤望兰科 / 旅人蕉属 / *W* 16cm

原产马达加斯加。树高20～30m，其叶片呈扇状舒展开来，十分奇特，因此多被作为观赏植物广泛种植在亚热带至热带地区。因其外形，旅人蕉也被称为"扇芭蕉"。果实在开裂前形似小香蕉，木质果皮使得果实非常坚硬。果实成熟后，从顶端开裂成三瓣，从中可以看到覆有蓝色假种皮的种子，这种鲜艳的蓝色在自然界中十分罕见。种子可食用。

渔人蕉
Phenakospermum guyannense

鹤望兰科 / 渔人蕉属 / *W* 7cm

原产南美东北部的圭亚那和苏里南。与原产马达加斯加的旅人蕉十分相似，但渔人蕉体型较小，树高只有5m左右。花序直立向上生长，假种皮为鲜艳的橘红色。渔人蕉的很多特征与旅人蕉不同，比如雄蕊有五枚，比旅人蕉少一枚等。根据这些不同，它被看作是与旅人蕉不同属的物种，被列入渔人蕉属，该属只有这一种。

裂口

这里收集了一些会"啪"的一声开裂出口子的果实。
这些果实有的从中央开口，有的从侧面开口。

织轴树

Schrebera swietenioides

木樨科 / 元春花属 / *H*5.9cm
原产东南亚至印度等地。生长在热带草原气候下的干燥林中，
是一种树高可达20m的落叶乔木。开有大小约1cm的白色
或黄褐色花朵，花后结出洋梨形的果实。果实成熟后从顶
端开裂为两瓣。果实中收纳着长有翅膀的种子。

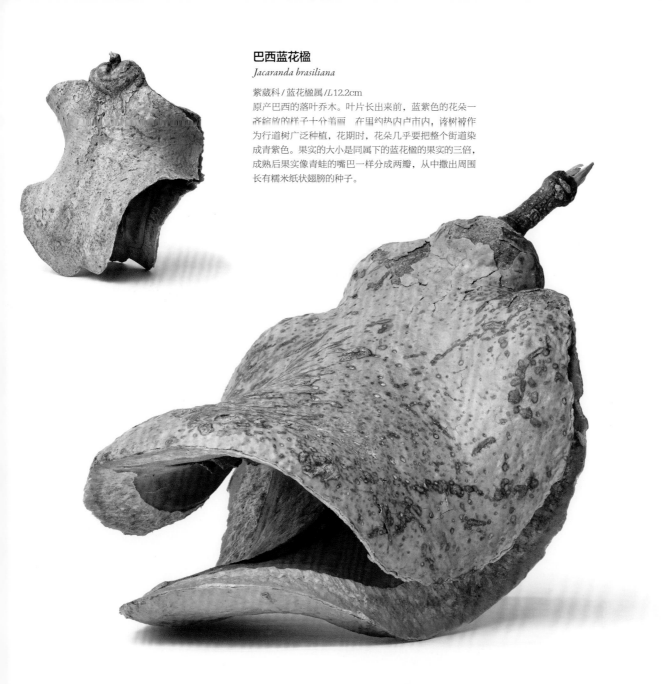

巴西蓝花楹

Jacaranda brasiliana

紫葳科 / 蓝花楹属 / L 12.2cm

原产巴西的落叶乔木。叶片长出来前，蓝紫色的花朵一齐绽放的样子十分美丽。在里约热内卢市内，该树被作为行道树广泛种植，花期时，花朵几乎要把整个街道染成青紫色。果实的大小是同属下的蓝花楹的果实的三倍，成熟后果实像青蛙的嘴巴一样分成两瓣，从中撒出周围长有糯米纸状翅膀的种子。

蓝花楹

Jacaranda mimosifolia

紫葳科 / 蓝花楹属 / H 6cm

原产巴西的落叶乔木。开有美丽的蓝紫色花朵，在热带地区作为观花树受到广泛种植。与巴西蓝花楹一样，果实成熟后开裂成两瓣，从中撒出长有糯米纸状翅膀的种子。

香苹婆

Sterculia foetida

锦葵科 / 苹婆属 / （整颗果实） H 19cm

原产东南亚至印度的落叶乔木，树高可达40m。由于其
叶片形似手掌，因此在日本也被称为"八手梧桐"。开
有红褐色的花朵，花后，结出如握紧的拳头一般大小的
木质化果实。果实在成熟前呈鲜艳的红色，成熟后开裂，
边缘处结有数个长2.5cm左右的黑色椭圆形种子。

翅苹婆

Pterygota alata

锦葵科 / 翅苹婆属 / H12.3cm

原产中国南部至东南亚、印度的常绿乔木，树高可达30m。
常可形成粗大的板状根。开有红褐色的花朵，花后，会结
出如握紧的拳头一般大小的木质化果实。果实成熟后会开
裂，从中撒出很多长有翅膀的种子。翅苹婆与香苹婆的果
实无论在大小还是外形上都非常相似，因此很容易混淆，
但可以根据种子撒落后的果实中有无放射状的纹路来区分
二者。

槭叶酒瓶树（槭叶瓶干树）

Brachychiton acerifolius

锦葵科／酒瓶树属／（果实）*L*12.6cm
原产澳大利亚东部热带雨林的半落叶乔木。落叶
时期红色的花朵满满地开在枝头，非常美丽，因
此多被作为观花树种植。果实中密生刺毛，触碰
时会刺痛皮肤，因此要十分小心。

杨叶酒瓶树（澳洲梧桐）

Brachychiton populneus

锦葵科／酒瓶树属／（果实）*L*6.7cm
原产澳大利亚东部至内陆半干旱地带的
常绿、半落叶乔木，树高可达20m。其
结出的硕大种子被澳大利亚原住民视为
重要的食物来源。果实中密生刺毛。果
实比槭叶酒瓶树的果实小一圈。

蒂罗花

Telopea speciosissima

山龙眼科 / 蒂罗花属 /（荚果）L11cm

澳大利亚新南威尔士州的固有种，是一种树高约4m的常绿灌木。当地的原住民将蒂罗花属称作"Waratha"。该树开有长约15cm的美丽、硕大的花朵，因此被广泛种植，作为切花使用。在木质果实中含有10～20个长有翅膀的种子。

天然的容器

这里收集了一些种子掉落后果实形状如同天然的碗和杯子等容器的果实。
虽然其中的一些果实实际是朝下生长的，
但将其倒置后看起来则又是另一种形状，
这也正是自然造型的有趣之处。

莲玉蕊

Gustavia superba

玉蕊科 / 莲玉蕊属 / *H*6cm

原产中美洲至南美洲北部。是一种树高近20m的常绿乔木。开有直径
约6cm的淡粉色美丽花朵，由于其花朵的模样与莲花相似，因此也被
称为"天堂莲花（Heaven Lotus）"。在热带地区多被作为观花树种植。
花后结出的果实形似杯子，成熟后顶部破裂，从中露出长有较大假种
皮的种子，蚂蚁特别喜欢啃食这部分。

猴钵树属的一种

Lecythis sp.

玉蕊科 / 猴钵树属 / W 12.6cm

原产中南美，是一种树高可达30m的落叶乔木。花朵与炮弹树的花朵相似，花后，结有直径约10cm的木质化果实。果实中含有许多大小在2.5cm左右、表面有数条凹陷纹理的细长种子。种子中富含油脂，因其可食用的特性而被人们栽培。该树也被称为"猴壶树（Monkey Pot）"，因猴子想要掏出种子而将手伸进果实中，握紧种子后拳头无法从果实中拿出的模样而得名。

狭瓣棒锤瓜

Neoalsomitra angustipetala

葫芦科 / 棒锤瓜属 / (果实) L4cm

自然生长在泰国的葫芦科藤本植物，雌雄异株。在地下长有几个像小红薯一样的块根，在旱季时，地上的部分枯萎凋零，以块根的形态度过旱季。在雨季时发芽成长，雌株上结出朝下生长的圆润的三角锥状果实。果实成熟后顶端开裂，一侧长有翅膀的种子从中掉落。

南美翅玉蕊

Cariniana estrellensis

玉蕊科 / 翅玉蕊属 / L 9cm

原产巴西东南部的半常绿乔木，有伞状的树冠。果实朝下生长，其顶端的塞子脱落后，种子会从中洒落。种子的一部分较为立体，光泽的一侧长有翅膀。本种的果实在市面上常与仙玉蕊的果实混在一起流通，但本种的果实顶部稍窄，在边缘处有锯齿状的突起物，并且果实内部有4～6个收纳种子的圆形小坑，小坑呈3列排列，依据这些不同可将二者区分开来。

仙玉蕊

Couratari guianensis

玉蕊科 / 仙玉蕊属 / L 12.4cm

原产中美洲至巴西的半常绿乔木，从根部生长出高度可达8m的巨大板状根。果实朝下生长，其顶端的塞子脱落后，周围长有翅膀的扁平种子会从中掉落。本种的果实顶部开口的位置稍向外张开，开口边缘处十分平滑，内侧排列有3列起伏和缓的凹陷，可依据这些特征与南美翅玉蕊的果实区分开来。

天然的珠子

这里收集了一些形状圆润、多被制成念珠和护身符等的果实。
除了此处介绍的这些果实，
还有些果实也能被制成护身符，例如第1章中的一些豆科植物的果实。

人面子

Dracontomelon duperreanum (Dracontomelon dao)

漆树科 / 人面子属 /W4cm
以东南亚为中心，分布于印度至巴布亚新几内亚的常绿乔木。
其木材用途广泛，可作为胶合板材料和家具材料，因此常被
人们用作造林树种，大量种植。果实上有五个水滴状的小洞，
种子就被收纳在小洞中。由于这种水滴状小洞形似佛像的火
焰形背光，因此，在佛教国家多将其看作吉祥物而制成护身符。
人面子也被称为"太平洋核桃（Pacific Walnuts）"

黄花夹竹桃

Thevetia peruviana

夹竹桃科 / 夹竹桃属 /L3cm
原产墨西哥至中美洲等地的常绿灌木。开有美丽的黄色花
朵，在热带地区常被作为观赏植物种植。树液和种子有毒。
其核果呈扁三角铃铛形，十分奇特，被人们视为"幸运坚果"
而制作成护身符之类的幸运物。

圆果杜英

Elaeocarpus angustifolius（Elaeocarpus ganitrus）

杜英科/杜英属/W 1.5～2cm
以东南亚为中心，从印度到澳大利亚广泛分布的常绿乔木。
成熟后的果实圆润，呈青色。种子被称为"Rudraksha（注：
在印度语中为'睿智之泪'之意）"，在印度教中多将其制
成念珠。

南酸枣

Choerospondias axillaris

漆树科/南酸枣属/L 2.5cm
集中分布在东南亚及喜马拉雅至中国南部等地的落叶乔木。
果实可盐渍后食用，黏性极强的果肉也可直接作为糖果食
用。种子上有五个小坑排列成一圈是其特征。因佛教中有
"五眼"的说法，因此南酸枣又被称为"五眼六通菩提树"，
其种子多被制成念珠。

球形

这里收集了外形简单的果实中的一些漂亮的球形果实。

炮弹树

Couroupita guianensis

玉蕊科 / 炮弹树属 / H11.5cm

原产南美的落叶乔木。从树干上长出纤长的花序,开有数朵直径约7cm的花朵。花后结出直径近20cm的沉甸甸的球形木质果实,其形状和重量让人联想到炮弹,因而得名。在其原产地被视为濒危物种。由于其独特的形状,在热带地区被当作庭园树而受到广泛种植,尤其是在泰国的寺院等处经常能看到它们的身影。

短毛莽渔木
Magonia pubescens

无患子科 / 莽渔木属 / W6.6cm
原产南美的落叶树。可用作行道树。木材坚硬、抗虫性强，因此多被用作建筑材料和木门材料、窗框材料等。果实圆而硕大，其中有数个长有翅膀且叠压排列的种子。果实干燥后木质果皮脱落，种子从中散落，在空中飞舞扩散。照片中碎裂的果实并未成熟，因此其中的种子还未发育完全。

毗黎勒
Terminalia bellirica

使君子科 / 榄仁属 / W2.5cm
原产东南亚的半常绿乔木。新鲜的果实表面覆有银色到古铜色的天鹅绒状绒毛。

纺锤形

这里收集了外形简单的果实当中的一些
比较大型的，
形似橄榄球或杏仁，
呈纺锤形的果实。

吊瓜树（吊灯树）

Kigelia africana

紫葳科 / 吊灯树属 /H 18.5cm
原产中非的常绿乔木。从树枝处伸出的花梗纤长，开有约10cm大小的紫
红色花朵，在夜晚香气扑鼻。花朵发育成便于蝙蝠传播花粉的构造。花后
结出粗长的木质果实，其中较大的果实长度可达1m，重量可达10kg。

铁樟

Eusideroxylon zwageri

樟科 / 铁樟属 /H 15cm
原产东南亚的常绿乔木。从该树木中可获取坚硬且密度较大的木材。由于
产自婆罗洲岛，因此在日本又被称作"婆罗洲岛铁木"。在降雨多的生长地，
多被用作屋顶材料。花朵较小，但果实长度可达20cm，果实中的种子长
可达15cm。长有不规则凹槽的硬质种皮在干湿无常的环境下会开裂，这
使得种子更容易发芽。这是适应水位增减变化明显的环境的结果。

大叶桃花心木

Swietenia macrophylla

楝科 / 桃花心木属 /（果实）*L*12.8cm

原产南美的常绿乔木。除了木材可用于高级家具的制作以外，在热带地区还被作为行道树使用。在枝头朝上结有近15cm的木质果实。果实有厚重的外皮和长有斑纹、形似勺子的内皮，果实中排列有2列长有薄薄的木栓质翅膀的种子。这些种子生于果实中的4～6个果室之内。果实在连续干燥的情况下，外皮逐渐龟裂，与此同时内皮大幅度翘起，加速了外皮的脱落速度。从中掉出的种子随风起舞，旋转着掉落在地上。

凹凸不平的形状

这里收集了一些表面凹凸不平、十分显眼的果实。
虽说它们都凹凸不平，但有的是长有密密麻麻的球状突起，
有的是长有坑坑洼洼的小洞，
还有的是长有短刺等，各式各样、五花八门。

红千层属的一种

Callistemon sp.

桃金娘科 / 红千层属 / *H*11.8cm
原产澳大利亚的树木。花瓣虽小且并不起眼，
但雄蕊的花丝纤长，呈白色或红色，许多花朵
聚集在一起开放时的模样就像刷子一样，因此
又被称为"瓶刷子树"。因为其花序顶端会长
出叶片，所以树枝中间会结出密密麻麻的球状
果实，看上去仿佛是一个个的虫卵。在果实中
有许多细粉状的种子。

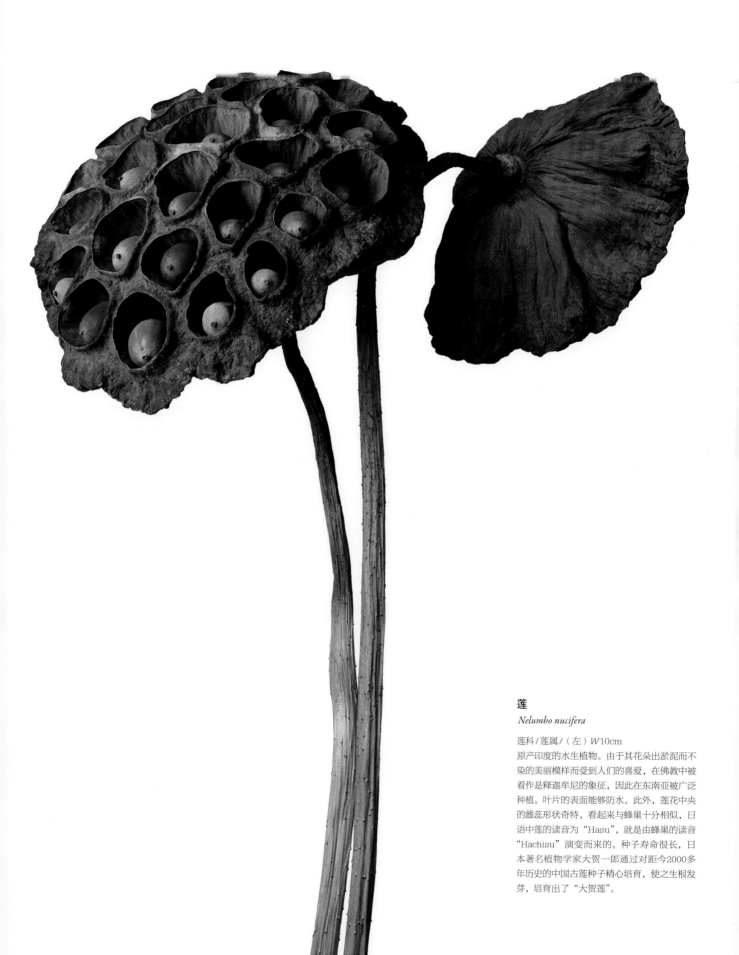

莲

Nelumbo nucifera

莲科 / 莲属 /（左）W 10cm

原产印度的水生植物。由于其花朵出淤泥而不染的美丽模样而受到人们的喜爱，在佛教中被看作是释迦牟尼的象征，因此在东南亚被广泛种植。叶片的表面能够防水。此外，莲花中央的雌蕊形状奇特，看起来与蜂巢十分相似，日语中莲的读音为"Hasu"，就是由蜂巢的读音"Hachisu"演变而来的。种子寿命很长，日本著名植物学家大贺一郎通过对距今2000多年历史的中国古莲种子精心培育，使之生根发芽，培育出了"大贺莲"。

番荔枝

Annona squamosa

番荔枝科 / 番荔枝属 / W6.5cm
原产中南美，但在热带地区被作为果树广泛种植。
果实的形状酷似佛像头顶的螺发，因而也被称为"释
迦"。果肉酸甜，呈奶油色，其中有许多细长的黑色
种子。

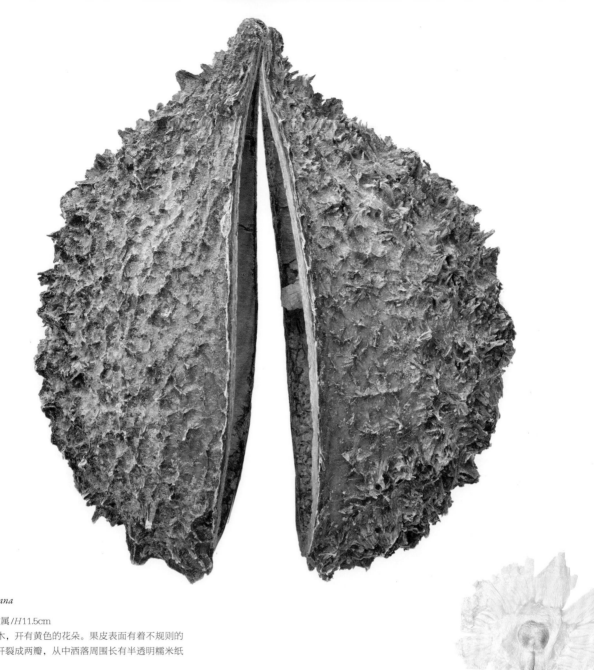

山地门垫树

Zeyheria montana

紫葳科 / 门垫树属 / H11.5cm
巴西特有的灌木，开有黄色的花朵。果皮表面有着不规则的
隆起，成熟后开裂成两瓣，从中洒落周围长有半透明糯米纸
状翅膀的种子。

猴梳杯领藤

Amphilophium crucigerum

紫葳科 / 杯领藤属 /（果实）L14.3cm
原产南美中南部的木质藤本植物，开
有白色花朵。果皮表面密密麻麻地生
有细小的疙瘩，成熟后开裂成两瓣，
从中洒落周围长有半透明糯米纸状翅
膀的种子。该物种名字在葡萄牙语中
意为"猴子的梳子"。

如何利用果实

本书着重围绕果实的观赏魅力来进行编辑。然而，世界上有很多果实有着各种各样的实用性用途。在此，我们将为大家介绍它们的一些用途。

❖ 食物

本书虽然主要选取了一些干燥的、观赏用的果实，但一般提到果实，人们首先想到的是那些可食用的果实。

提起可食用果实，最先列举的当然是水果。苹果、桃子、葡萄等都属于可食用的水果。

接下来，我们熟知的混合坚果中的核桃、杏仁等被坚硬外壳所包裹的坚果类果实也很有代表性。在日本的绳文遗迹中也出土了许多橡果、栗子、婆罗子等果实，由此可知，不易腐坏的它们自古以来就被视为珍贵的碳水化合物来源。

此外，松属的红松、意大利松、华山松等的大型种子自古以来就被用来食用。

除了直接食用的果实外，还有些果实处理后可食用，如长角胡麻属植物的幼嫩果实经过美洲原住民的加热或醋渍加工后可食用，其味道与秋葵十分相似。

❖ 药品

生长在非洲南部的爪钩草的块茎中富含多种成分，在当地自古以来就被用作药材。对此抱有兴趣的学者们经过研究，发现爪钩草对风湿病的治疗很有效果，将其制成药品使用至今。

世界上最大的棕榈果实——海椰子的果肉干燥后，被认为具有强身健体、催情、美白的功效，因此，在中国的很多中药店都有销售。此外，海椰子生吃口感清爽甘甜，十分美味。

❖ 念珠、装饰品

第3章开设了"天然的珠子"这一节，正如其中所介绍的那样，许多果实也被作为制作念珠和手镯的材料。比如，圆果杜英在日本被称为"印度念珠木"，它的果实多被作为念珠来使用，特别是印度教认为，圆果杜英的果实凹痕越多就越珍贵。此外，坚硬硕大的缅茄种子在像现在这样广泛流通之前，多被作为念珠出售，价格高昂。

在豆类中我们介绍的红豆和汉堡豆可以制成项链，这些项链在中美洲被视为时髦的装饰品。楣藤的果实也常被制成钥匙圈和项链，这

▶ 串有壳斗科果实的护身符钥匙圈（中国台湾省）

▼ 盘果鱼黄草果实护身符（洪都拉斯）

长角胡麻属植物的幼嫩果实

种装饰品作为土特产很受人们的欢迎。蓖麻和光海红豆（五彩海红豆）、盘果鱼黄草等的果实也被制作成护身符。

这些果实的表面都覆盖着一层薄却坚硬的果壳，用锥子等工具很容易就能在这些果壳上凿出小孔，穿过细绳。由于其有着加工容易、果壳坚硬耐用、模样美丽的特点，自古以来就受到世界各地人民的广泛使用。

将果实染色后着香的百花香工艺品（泰国）

❖ 工艺品、日用品

在澳大利亚，佛塔树属植物多被削去果序、掏空木心，加工成花瓶或容器。此外，还有由各种佛塔树、桉树和荣桦树的果实组合而成的果实人偶。同样在澳大利亚和非洲，猴面包树果实表面经雕刻后也被加工制作成工艺品。

人们自古以来就对葫芦加以利用。葫芦起源于非洲，被认为是最古老的栽培植物，结出的果实形状各式各样。由于其果实中的果肉易被去除、加工简单，因此在世界各地被制作成餐具、乐器和工艺品等，用途十分广泛。

厄瓜多尔象牙椰有着"北美象牙椰"的别称，正如它的名字一样，其种子的胚乳白色、坚硬，质感如同象牙。日本也将其加工制成坠饰。在塑料问世之前，厄瓜多尔象牙椰多被作为制作纽扣的材料，并在世界范围内普及。在盛产厄瓜多尔象牙椰的厄瓜多尔，将其种子雕刻成动物等形状的工艺品作为土特产享有盛名。由于厄瓜多尔象牙椰的种子易被染色，也可将其切成薄片制成首饰。同为棕榈科且十分坚硬的酒椰果实多被制作成吊坠和首饰等加以利用。

另外，在欧美等地，松果等果实多被制成花环等壁饰。如今在日本，圣诞节时大街小巷也会装点由各种各样的果实组成的圣诞花环，新年时也能看到带有果实的注连绳。

由各种佛塔树、桉树、荣桦树的果实加工而成的人偶（澳大利亚）

在泰国，人们将各种小型果实或种子染色后，作为精油的载体，制成百花香工艺品，这种工艺品多被作为土特产出售。

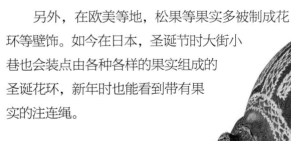

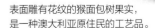
表面雕有花纹的猴面包树果实，
是一种澳大利亚原住民的工艺品。

161

如何保存果实

在读过本书后，也许有些读者想要在自己家里观赏果实。然而，相信有很多读者小时候有过捡到橡果后珍藏起来，结果从中跑出了虫子的经历，当时一定制造出不小的骚动吧。那么，拾捡、购买到的果实到底应该如何保存呢？

❖ 注意避免发霉

虽然我们可能会像前面所讲的橡果的例子那样，经常陷入长虫的忧虑当中，但在高温多雨的日本，更值得我们担心的倒不如说是发霉问题。虽说如此，在干燥的时期（进入秋天后至梅雨来临前），我们也不需要太过紧张，只需将果实放置在通风良好的地方就可以了。

果实完全干燥后，虽然可以将其收纳在密闭容器当中，但容器中只要有一点湿气残留都会导致果实发霉，因此我并不是很推荐这种保存方法。若是想将果实收纳在容器当中，最好将其放入纸箱当中，再将纸箱放置在通风良好的地方。若是再在纸箱中放入除湿剂或衣用防虫剂就更加保险了。

❖ 通过煮沸或冷冻来杀虫

对于拾捡回来的果实，可采取煮沸或放入冰箱冷冻室一段时间的手段来杀虫，经过这些方式处理后的果实就不会再跑出虫子了。在我们身边能够拾捡到的果实，除橡果以外，都很少生虫。只要将其表面的污垢除去，放置在通风良好的背阴处使其干燥，基本上就能够很好地保存下来。

对于橡果的处理，可以按照前面所说的，将其放在水中煮沸，或是将其放入冰箱冷冻室数日后取出，然后晾干，就可以达到杀虫的效果了。

❖ 若是发霉了

若是果实发霉了，只需将酒精喷洒在果实表面，用布或刷子轻轻地擦拭干净后晾干，就可以去除霉菌

煮沸后的橡果

钩刺麻属植物的果实

了。根据我的经验，油分多的桉树类、可可类和荚果类果实尤其容易发霉。像松果之类的硬质果实，只需将其放在水下冲洗，晾干后果实就会焕然一新。

❖ 其他

根据果实的不同，有些果实处理时需要格外小心。例如，龙脑香属和翅葫芦属的果实的翅膀很薄，很容易损坏；一些豆科植物的荚果在构造上很容易裂开；响盒子和橡胶树的果实，多花紫藤等豆科的荚果在过度干燥后会破裂飞散；省藤属、露兜树属等的果实只要稍加用力触碰就会撕碎或散开。因此，在处理和保存这些果实时一定要多加注意。

此外，爪钩草属或钩刺麻属植物等的果实长有棘刺，极易钩挂，要注意不要随意触碰它们。特别是为了避免被孩子和宠物碰触到，就算作为装饰也最好将它们放置在盒子中。

后 记

　　我正式开始收集、贩卖果实是在 2010 年，那时，经常会有顾客问我"这个果实的学名是什么呢"，因此，我反而是从顾客口中得知了什么叫作"学名"。这样的我能够作为这本果实图鉴的合著者，署上自己的名字属实有些狂妄的感觉，但若是有读者朋友能够以本书为契机，开始对世界上的果实（或是身边的果实）抱有些许兴趣的话，我将不胜荣幸。

　　我的老家原本是开蔬菜水果店的，我时常会感叹水果形状的优美。在我十几岁的时候，开始对松果感兴趣，二十几岁时，又对榼藤、可可、猴面包树等的干燥果实产生了兴趣。在这之后，我找到了这些果实的批发商，开始了做起了果实的买卖，意想不到地收获了热烈的反响，我也获得各种请教果实相关知识的机会，并开始收集各种各样的果实。回过头来看，我与人和果实有了许多不可思议的邂逅，同时心中也升起了一种像是被引导着一路走来的感觉。

　　几年前，在东京举办的果实销售会上，山田英春先生首先向我介绍了本书的出版事宜。山田先生最终被任命为本书摄影和设计工作的负责人。山田先生不仅为我拍摄了远超原定刊登数量的果实照片，在编辑过程中也给了我许多建议。他通过景深合成的方法，为本书提供了细节清晰的高精细照片。

　　虽说是合著，但几乎所有的原稿都是山东智纪女士写的，我时常会想，那么我到底做了些什么呢？这样一本果实图鉴，夸张点说，在世界上是绝无仅有的，在该领域中也是独树一帜的。若非知识渊博的山东女士提议，我们是一定想不到要去出版这样一本书的。

　　此外，在远超出预定出版日期的情况下，编辑部的小野纱也香女士也没有放弃，直到最后都倾尽全力帮助着我们。还有一些在这里无法一一列出名字的朋友们，他们在标本收集和编辑的过程中也给予了帮助，在这里衷心地感谢大家的热心协助。

　　在信息和资料有限的情况下，我们经过尽可能的调查，编撰出了这本书，若是内容有错误的地方，希望能够得到您的指正。

小林智洋

致　谢

本书在编辑、制作的过程中，得到了以下人员的协助。谨对此表示真诚的感谢（尊称略）。

一般财团法人 进化生物学研究所 今木明、蒲生康重、桥诘二三夫
吉永孝一（神代导游志愿者俱乐部）、西村茂树、叶智中
John Macdonald（Research Associate，California Botanic Garden）
Guy Stanberg（Starhill Forest Arboretum）、Sabri Guzmán、Phumanee Siblings
Pitchayapa Damrongwuttitam、Nattawan Bunnasarn、G.rawit Sichaikhan
Yew Yi Low、Kathryn Hsieh、三上敏子、桑名康二、赖显广、杜秋萍、宇敷辉男
Makoto Machida（子羊舍）、西山保典、菊池茂、吉野圭哉、有谷元子、池田裕二

参考文献

どんぐりの生物学—ブナ科植物の多様性と適応戦略，原正利著，京都大学学術出版会，2019.

Field Guide to Eucalyptes，vol. 1-3，M. I. H. Brooker & D. A. Kleinig，Blooming books，2016.

Conifers around the world，vol. 1-2，Zsolt Debreczy & István Rácz，International Dendrological Foundation，2012.

種子のデザイン—旅するかたち，岡本素治監修，LIXIL 出版，2011.

身近な草木の実とタネハンドブック，多田多恵子著，文一総合出版，2010.

植物分類表，大場秀章編著，アボック社，2009.

Conifers of the World: The Complete Reference，James E. Eckenwalder，Timber Press，2009.

Banksias，Kevin Collins，Kathy Collins & Alex George，Blooming Books，2008.

不思議な果実展，高知県立牧野植物園，2001.

ドングリの謎—拾って、食べて、考えた，盛口満著，どうぶつ社，2001.

植物の私生活，D. アッテンボロー著，門田裕一監訳，山と渓谷社，1998.

バオバブ—ゴンドワナからのメッセージ，近藤典生、湯浅浩史、西田誠、吉田彰著，信山社，1997.

週刊朝日百科 植物の世界，1-145 号，朝日新聞社，1994-1997.

園芸植物大事典 コンパクト版，1-3 巻，塚本洋太郎総監修・編，小学館，1994.

針葉樹，中川重年著，保育社，1994.

種子（たね）はひろがる—種子散布の生態学，中西弘樹著，平凡社，1994.

日本の野生植物（木本），1-2 巻，平凡社，1989.

日本の野生植物（草本），1-3 巻，平凡社，1982.

World Guide to Tropical Drift Seeds and Fruits，Charles R. Gunn & John V. Dennis，Quadrangle/New York Times Book
　　Co.，1977.

週刊朝日百科 世界の植物，1-120 号，朝日新聞社，1975-1978.

河野孝行，APG に基づく植物の新しい分類体系，森林遺伝育種，第 3 巻，pp. 15-33，森林遺伝育種学会，2014.

長岡求，APGII2003 および APGIII2009 による被子植物の分類，植物防疫，第 66 巻第 3 号，pp. 168-174，日本植物防疫協会，
　　2012.

中文名称索引

若该植物在本书中多次出现，
则用粗体页码表示该植物的主要介绍页。

拉丁学名 · 英文名称索引

作者▶ 小林智洋 (Tomohiro Kobayashi)

1978 年出生于日本京都，在轻井泽长大。毕业于早稻田大学第一文学部哲学系东洋哲学专业。曾在某食品商社工作，后继承老家名为"小林果酱"的果酱店。意外地注意到了果实的趣味性，由此开始了果实的批发，2010 年在东京的二手书店中首次举办了果实的销售会。从那以后，小林先生在本业之余成立了"小林商会"，收集世界上的果实，并通过各种美术展和线下活动、网店等形式出售果实。

作者▶ 山东智纪 (Tomoki Sandou)

1976 年出生于日本和歌山。日本九州东海大学研究生院博士课程前期农学专业结业、大阪大学研究生院工学研究科博士课程后期应用生物工学专业结业。考取了绿花文化士资格认证（注：通过 2 次日本"绿花文化知识认证考试"的人被授予"绿花文化士"的称号，考试内容涉及自然科学、环境形成、生活文化、艺术文化等设计植物的方方面面）。自幼年起，山东女士就对多肉、食虫植物、兰花、蕨类植物、苔藓植物、禾本科植物等各种各样的植物抱有浓厚兴趣。在大学时一边进行着"银杏的核形态学研究"和"有关橡胶树中天然橡胶的生物合成和储存的研究"，一边探索世界各地的植物和巨木，同时还负责研究室承办的"植物所传递的信息"这一展览的推广活动。2010 年移居泰国，依旧持续着世界各地果实的收集和动植物的观察活动。

摄影▶ 山田英春 (Hideharu Yamada)

1962 年出生于日本东京。毕业于国际基督教大学基础学部。是一名专注于书籍装订的设计师。在本业之余，还热衷于对玛瑙等花纹石的收集和对古代遗迹、史前时期壁画的摄影。著有《巨石阵：漫步古英国（巨石——イギリス・アイルランドの古代を歩く）》（早川书房，2006 年）、《宝石图鉴：石中的秩序与世界（不思議で美しい石の図鑑）》（创元社，2012 年）、《石之卵：不可思议杰作选（石の卵——たくさんのふしぎ傑作選）》（福音馆书店，2014 年）、《Inside the Stone（インサイド・ザ・ストーン）》（创元社，2015 年）、《奇妙美丽的石之世界（奇妙で美しい石の世界）》（筑摩新书，2017 年）、《不可思议的美丽石头图册（風景の石 パエジナ）》（创元社，2019 年）等著作。